ほんとうの環境問題

池田清彦
養老孟司

新潮社

はじめに

池田清彦

二〇〇七年の暮れにインドネシアのバリ島でCOP13（国連気候変動枠組条約の第一三回締約国会議）が開かれた。会議の中身はともかくとして、会議場はクーラーがよく効いていて、外にはこれまたクーラーをつけっぱなしの車を待たせていた参加者も多かったらしい。CO_2の放出による地球温暖化が、人類の存続を脅かすほどの大問題ならば、クーラーなど使わずに、短パンにTシャツ、ゴム草履で会議をやればいいのにと思う。ノーベル賞を取ったアル・ゴアの自宅も豪邸で、光熱費だけでも月に何十万円もかかるという。なぜこういうことになるかというと、この人たちは誰ひとりとして、地球温暖化が脅威だなどとは本心では思ってないからである。だから自分たちはエネルギーを使いたいだけ使う。

それでゴアも日本の環境省も、一般庶民に対しては、CO_2削減に協力しろなどとふざけたことを言う。政府・環境省は「地球温暖化防止大規模国民運動」なるものを立ち上げて、国民の洗脳に余念がない。ほとんどのマスコミもこの件に関しては批判精神のかけらもなく、地球温暖化の危機を煽っている。CO_2削減に協力しない奴は非国民だ。先の一五年戦争（満州事変、日中戦争及び太平洋戦争）の最中に「国民精神総動員運動」なるもので、戦争に協力しない国民を非国民と罵った構図とそっくりである。どちらも、政府の大失政のつけを国民に押しつけるために、政府・マスコミ挙げての大キャンペーンをやった（ている）わけだ。一五年戦争では無謀な戦争のつけを払って、大勢の国民が死んだ。「地球温暖化防止大規模国民運動」が成功した暁にも、多くの国民が困ることになると思う。この場合の大失政とはもちろん、京都議定書という、日本にとってのとんでもない不平等条約を結んだことだ。

少々温暖化しても、日本の国民は平均的にはまったく困らないと思う。しかし、温暖化を防止すると称する京都議定書を守ると、日本国民は大損をする。今のままだと、何兆円もの金を出して他国からのCO_2の排出権を買わねばならず、これは電気代をはじめ物価の上昇要因となる。そうでなくても、政府は地球温暖化対策と称して毎年一兆円もの税金を浪費している。物価は上がるけれども給料は上がらないという事になりそうである。かといってCO_2排出量を減らすと景気が低迷して失業者が増える。どっちにしても、つけを払うのは国民である。なぜ、こういうおかしなことが起こるのか、というのが本書を作ろうと思った動機である。

　著者ふたりに共通するのは、そもそも、環境問題というのはどういう問題なのかを認識することなしに、どんな話もはじまらないというスタンスである。ⅠとⅡでは、環境問題の本質は何なのかという、ふたりの意思が述べてある。Ⅲはこれらをふまえた上での対談である。環境問題とはつまるところ、エネルギーと食料の問題である。現在の日本の食料自給率は三九パーセント。エネルギー自給率は四パーセントである。食料についてはいざとなったら、全国のゴルフ場をイモ畑にすれば、なんとかしのげるかもしれないが、エネルギーの自給率が四パーセントではさすがにどうにもならない。未来のエネルギーを確保するためにどういう戦略が必要なのかこそが、日本の命運を左右する大問題なのだ。地球温暖化などという瑣末な問題にかまけているヒマはない。

ほんとうの環境問題●目次

のか／人口問題が解決すればすべての問題は解決する？

Ⅲ　「環境問題」という問題

装幀　新潮社装幀室

ほんとうの環境問題

I

環境について、ほんとうに考えるべきこと

養老孟司

●石油とアメリカ

僕は常々、文科系の人が書かない大切なことがいくつかあると思っています。そのひとつが、環境問題に関しては、アメリカとは何かということを考えざるをえないということです。実は環境問題とはアメリカの問題なのです。つまりアメリカ文明の問題です。簡単に言えばアメリカ文明とは石油文明です。古代文明は木材文明で、産業革命時のイギリスは石炭文明ですね。そしてその後にアメリカが石油文明として登場するのだけれども、一般にはそういう定義はされていませんよね。

一九〇一年にテキサスから大量の石油が出て、一九〇三年にはフォードの大衆車のアイデアが登場した。アメリカはそれ以来、石油文明にどっぷりと浸かってきました。普通に考えたら、ジョン・ウェインの西部劇の世界とニューヨークのマディソン・スクエア・ガーデンとはまったくつながらないですよ。つながる理由が何かと言えば、石油なのです。

石油に対して、二〇世紀を通してもっともセンシティブだったのはアメリカです。たとえば、F・ルーズベルト大統領がサウジアラビア国王と会談したのは一九四五年辺りのことです。ルーズベルトは体が弱かったので、あまり外国には行っていないのですが、それでもサウジアラビアには行った。僕が生まれたのは一九三〇年代の終わりですが、三〇年代前半にはアメリカはサウジアラビアの石油を調査し始めていた。当時すでにアメリカは将来の石油需要を見越していたということです。ですから戦後六〇年間のサウジアラビアとの関係というのが、ルーズベルトのときにはできていた。

石油問題に関しては、アメリカが世界の中で最も敏感で、ヨーロッパはそれより鈍かった。日本のほうはさらに鈍かった。そして最も鈍かったのが、古代文明を作った中国でありインドだった。文明というのは石油なしでも作れるという考えが頭にあった順に鈍かったということです。

アメリカが戦後一貫して促進してきた自由経済とは、原油価格一定という枠の中で経済活動をやらせることをその実質としていました。原油価格が上がってはいけないというのは、上がった途端にアメリカが不景気になっちゃうからね。ものすごく単純な話なんですよ。自然のエネルギーを無限に供給していけば、経済はひとりでにうまくいっていた。それを自由経済という美名でごまかしてきたのが、二〇世紀だったわけです。ひとり当たりのエネルギー消費では、日米の差は、僕が大学を辞めるころには二倍あった。ヨーロッパ人の二倍、中国人の十倍です。科学の業績などをアメリカが独占するのは当たり前でしょう。戦争に強いとか弱いとかにしてもね、日本は石油がないのに戦争をしたのだから。九割以上の石油を敵国に頼って戦争をするのがどれだけ不利だったか、ということです。それだけのことなのです。

それからこれも文科系の人は書かないことですが、ヒトラーがソ連に侵入した理由が、歴史の本を読んでもどうも分からない。答えは簡単なことで、石油です。当時もソ連は産油国だったのですよ。コーカサスの石油が欲しかったから、ドイツはスターリングラードを攻めた。そこをはっきり言わないから色々なことが分からない。日本の場合も、「持たざる国」と言い続けてきたけれども、根本にあるのは石油、つまりエネルギーの問題です。古代文明を見てもそうでしょう。木材に依存した文明の場合、最も大量に消費できたのは始皇帝時代の秦ですからね。木を大量に伐採したから万里の長城が作られたわけですよ。現在の砂漠化の要因をたどれば、この時代になるでしょうね。

◎文明とエントロピー

ですから、環境問題の根本とは、文明というものがエネルギーに依存しているということです。そしてそのときに、議論に出ない重要な問題があります。それは、熱力学の第二法則です。

文明とは社会秩序ですよね。いまだったら冷暖房完備というけれども、普通の人は夏は暑いから冷房で気持ちがいい、冬は寒いから暖房で気持ちがいいというところで話が止まってしまう。しかし根本はそうではない。夏だろうが冬だろうが温度が一定であるという秩序こそが文明にとっては大切なのだと考えるべきなのです。しかし秩序をそのように導入すれば、当然のことですが、どこかにそのぶんのエントロピーが発生する。それが石油エネルギーの消費です。

端的に言えば文明とは、ひとつはエネルギーの消費、もうひとつは人間を上手に訓練し秩序を導入すること、このふたつによって成り立っていると言えます。人間自体の訓練で秩序を導入する際のエントロピーは人間の中で解消されるから、自然には向かいません。文明は必ずこの両面を持っています。さきほども述べたように、古代文明があったところでは、石油に頼らずとも文明が作れるという意識があったため、石油に対する意識は鈍かった。しかしアメリカは荒野だったし、そこに世界中からバラバラの人間が集まってきた。そういうところでなぜ文明ができたのかと言えば、まさに秩序を石油によって維持したためです。秩序を維持することは、エントロピーをどこで捨てるかという問題であり、それを一世紀続けたら炭酸ガス問題になったのです。アメリカ文明のいちばん端的な例は、アパートの家賃が光熱費込みだということです。これではエネルギーの節約に向かうはずがない。だから、恐ろしく単純な問題なんですよ。それを認めずに何かを言っても意味がない。

僕が代替エネルギーを認めないというのは、どんな代替エネルギーを使おうが、エントロピー問題には変わりがないからです。結論的には、ぼちぼちにエネルギーを使って、人間をぼちぼち訓練するしかないと思う。それしかない。いまはちょっと石油依存がひどすぎます。

つまりこっちは適当に我慢し、適当にエネルギーを使うしかないんですよ。丸儲けはありえない。そんなこと、いつだって当たり前だが、石油文明はそれをごまかしてきた。ただで秩序が手に入ると、暗黙のうちに約束してきたんです。それが右肩上がりの進歩主義というものでしょう。隠していたのは「原油価格一定」という秩序です。その結果を逆にして「自由経済」と呼び、自分をだましてきたんです。人間が自力で秩序を手に入れるには、ほんとうは努力・辛抱・根性しかない。そこを省略して、エネルギー消費で間に合わせれば、環境問題になっていくんです。

私は若者をだます気はありません。エネルギーに頼らず、自力で暮らせればよいとは思います。ただし、いまの状況で山奥で畑を作れなんていいません。日本人がエネルギー抜きで理想社会なんて作ったところで、中国人や北朝鮮の人が侵入してくるだけのことでしょう。人間が自力で暮らす社会を、長い目で見て、上手に作っていくしかないんです。そこに軟着陸するためには、具体的なモノを徹底して理解する必要がある。正義とか、倫理とか、公平とか、いうのは結構だが、そんな空気みたいな抽象的なものは食べられない。「衣食足りて礼節を知る」んです。古代の人がいう衣食とは、現代のなにか、考えてみる必要がありますよ。衣食とはつまり、ここでいうモノに対する理解のことなんです。

あまり言いたくはないのだけど、文科系の人の議論を聞いていると、話がどんどん細かくなっていってしまう。それは本気で考えていないからではないかという気がします。つまり物事を整理して考えていない。いまの環境省がその典型ですよ。日本のように省エネが進んだ世界のモデルのような国が、この上さらに炭酸ガスを減らせという議論をしている。何を考えているのかと思う。日本はこれ以上減らないですよ。アメリカを半減させる方が先でしょう。それでアメリカはヨーロッパや日本並みになる。

●本気で考えていない

それから、炭酸ガスが蓄積するとこういうことが起こる、といった予想が色々とされていますが、自分のところで計算したのかと問いたいですね。京都議定書（気候変動に関する国際連合枠組条約の京都議定書）の後で環境省が年間約一兆円の予算を組んで、ひとり当たり一日で一キログラムずつ減らせとか言っているわけですが、そんなことをする前に、炭酸ガスが増えたらどうなるのかという計算を自分たちでするべきですよ。そこが信用ならなかったら、IPCC（Intergovernmental Panel on Climate Change＝「気候変動に関する政府間パネル」）も信用する気にはならない。シミュレーションは自分でやらなきゃ駄目です。自分でやって間違えたら訂正する。それが責任を持つということでしょう。それを他人の予想に従って動くほど馬鹿なことはない。

世界の科学者の八割はこう言っている、と環境省は言うわけだけれど、それを言ってはいけない。商売をやろうとするとき、他人の儲け話を鵜呑みにする人はいないでしょう。つまり本気になっていないということです。そして、ちゃんと考えていないという点では戦前と変わりがない。

一兆円を使うならば、まず大きなコンピュータを使って本気でシミュレーションをやり、データを取るのが先です。それに、温暖化をしたら誰がほんとうに損するのかということも考えなければいけない。加えて、石油に関しては、当然ながら、埋蔵量以上は使えない。だから地球にある石油を全部燃やしてしまったらどうなるのかを計算してみればいい。そのときに大気中の炭酸ガス濃度がどれくらいになるのかを予測し、それを減らせばいいわけですから。石油埋蔵量はだいたい分かっているわけだから、そこから始めるべきです。

シミュレーションや議論といった基礎的な部分に時間をかけるべきです。それで決まったことなら納得がいくでしょう。いまは納得がいかないですよ。先日、環境省職員である小林光氏の『エコハウス私論』(木楽舎)を書評しました。エコハウス自体はいいんですが、あの本のいちばん気になる部分は、あとがきに「アメリカがなにを言ってくるのかわからない」と書いてあることです。環境省の役割として、アメリカがどのように行動してくるのかを予測して国民に提示することは義務でしょう。それが分からなければ仕事をしたことにはならない。洞爺湖サミットもあるんですから。少し厳しいかもしれませんが、私はそう思いますよ。

我々の世代は「欲しがりません、勝つまでは」のスローガンの下にさんざん我慢させられたけど、いま霞ヶ関にいる連中はそれを体験していない。だからアル・ゴアの『不都合な真実』(邦訳はランダムハウス講談社)の最後に「すぐにできる10の事」が列挙されていますが、だまされてはいけない。自分たちが起こしたことには目をつぶって、政治家はすぐそういうことを言い出すのです。

秩序の導入ということで言えば、環境に限らず色々な法律ができていますが、そんなことで世の中がよくなるわけがない。だから人々の常識が問題となっているのです。六本木ヒルズに住むより田舎に住んだほうがマシだと思っているならば、こんなことにはならない。人間の考え方そのものを変えるしかない。私は昔からそう考えています。

戦後しばらくして、逆コースの時代だということが言われましたが、いまこそそういうことが言われなければいけない。昨年（二〇〇七年）も、久間章生防衛大臣（当時）の「原爆投下は仕方がなかった」という発言がありましたよね。しかし原爆投下を人間が他人にする権利があるのか。それくらい、いまの人間はトップにいる者から物事を考えていない、ということです。

●環境問題とは何か

環境問題を考えるたびに、今の日本人は日本のことを考えていないと思います。こんなに山林を残している国はないからね。鎮守の森などは縄文文化の象徴でしょう。そこには手を付けないということで、自然と人間が折り合ってきた。それでやってきたから、いまだに国土の六七パーセントもの面積が森林なんですよ。温暖でどこにでも人が住めるのに、これだけ残っているのは奇跡ですよ。丸山眞男は「歴史意識の古層」ということを言ったけれども、古事記と日本書紀で最も多く使われるのは「なる」という言葉です。こういう自然を使って生きていくしかないと思う。

環境に関しては、いくつかの部分に分けて考えることが大切です。

一方の極にあるのは自然環境問題です。これはいまではほとんどもう話題にもなりません。昔、「自然保護」と言われましたが、もうほとんどどうしようもありません。言っても無駄という感じがします。この時代に高尾山にトンネルを掘って、自動車を通そうというんだから。

もうひとつの問題が、ゴミ問題。これは廃棄物が典型ですね。それからエネルギー問題。加えてどういうふうにして生活を暮らしやすくするかという問題です。

それからいちばん最後に、国家安全保障問題としての、あるいは世界の安全保障問題としての環境問題がある。

このように、おそらく三つの大きな極がある。極端に言うと相互に矛盾する場合もあるし、全体の繋がりとしてきちんと見て判断できる人が少ないのではないかと思います。

環境問題は非常に長いスパンの話ですから、この三つの視点というのがどうしても欠かせません。純粋な自然保護活動というのはもうあまり流行っていませんが、やはり必要ですよね。ちょうど解剖学がそうなのですが、医学部でやっているのに正常な人体を研究するわけですから、変でしょう？　でも正常な身体がわからないと病気がわからないだろうと。それと同じです。それが一方にあります。

最近いちばん大きくなっているのは日常に関わるゴミ問題、あるいは産業廃棄物問題ですね。加えて石油の値段や灯油の値段などの日常的なエネルギー問題、いわゆる「エコ」と呼ばれているものです。その上で、最右翼に安全保障問題があるのです。ですから、僕は現代社会の問題は環境問題だと言うのです。なぜかと言えば、それを全部ひとつのものとして見なければしょうがないからです。何かひとつだけ見るというのでは駄目です。バランスの問題ですから。ぼちぼちでいくしかありません。

池田清彦さんがしょっちゅう言うことですが、ブラックバスなんて排除するほうがよっぽど金がかかるだろう、と。放したやつがよくないんですよ。商売で放しているのだから。それならブラックバスのいるところに釣りに行けと。ゴルフもそうですよ。国土のいちばんいいところにゴルフ場をつくる。国立公園で個人が虫を採るのを規制しているのに、なんで箱根に三つも四つもゴルフ場があるのでしょう。国立公園の中はゴルフ場だらけじゃないですか。自然保護という観点からすれば、むちゃくちゃ変な話ですよ。だけど、人間が自然を利用するという観点で言えば、ある程度許容せざるを得ないでしょう。みんなバランスの問題ですよ。

秩序問題に関しては犬を例に挙げるんですよ。過疎地の畑に猿・鹿・猪が出たり、北陸に熊が出たりしますよね。これは新聞では山が荒れたからだと言われてきましたが、ほんとうの理由は簡単で、犬をつなぐからです。野犬を全部排除する。そうやって秩序を入れたら、当然そのぶんだけ秩序が動物世界に影響を及ぼす、それだけのことです。だけど犬をつなげと言ったやつは、まさか過疎地の畑でそういうことが起こると思っていない。人間ってそれくらい知恵が足りない動物です。

分別ゴミの問題もさんざん言われていますが、結局自治体によっては分別しても意味がない。丸めて処理してしまっている。ほんとうに環境に負担がかからないやり方とは何か。池田さんは、ペットボトルなんか粉砕して生ゴミといっしょに燃やすのがいちばんいいと言っている。それもきちんと計算すれば分かることでしょう。ダイオキシンもそうです。いまは誰もゴミを燃やしませんね。ただし、私の家では燃やしていますが、誰も文句を言いません。

結局、高温でゴミを燃やせる装置を買わせることが目的ですから。それを法律化したやつがいけない。焚き火しちゃいけないけど焼き芋ならいいというのはわけがわからないでしょう。

これはもう末期症状です。やっぱり大きいところを摑んで、これはちゃんとやりましょうねというふうにしないとおかしくなってしまう。いまの議論は総じて枝葉末節ですよね。

●自然とは何か

いま僕は虫の分布を調べているのですが、結局地質構造と密接な関係があって、日本の経てきた地質時代の歴史と虫の分布が完全に絡んでいます。虫というのはおもしろくて、ほんとうに局地的にいるんです。われわれから見て同じ環境であっても、いないところにはまったくいない。自然環境問題は決して単純ではありません。本州が東北・関東・中部・近畿・中国の五つの大きなブロック＝島に分かれていた時代が虫の分布に綺麗に反映しています。それ以外にさらに細かい分布があって、四国は東西によって違う。それが吉野川のクランクと関係している。あんな流れ方をする川はありませんよ。四国の中央山地一帯を横切るから、大歩危小危歩の難所、なんで川があんなところを通っているんだと思うよね。四国の東西が昔ぶつかってくっついたのでしょう。だから、われわれは自然のことを知っているようでよく知らないのです。
二〇〇七年の中越沖地震でも波動が大阪へ伸びるんですね。つまり波の伝わりが山をよけて伸びる。スピードは速いかもしれないが、エネルギーは落ちている。ところが海岸を伝わってくるんですね。もともと琵琶湖の周辺というのは、中国という島と中部という島の境だったんです。関ヶ原の辺りでしょっちゅう新幹線が止まるのは、そこに高い山がなくて、裏日本の空気がそのままあそこにきいてくるからです。それはなぜかというと、あそこは海だったからです。そこが陸になった。そこを伝って大阪まで行くのですね。中越沖地震はひどいのに、富山は平気なんですね。よくわからないのですが、あそこは切れているんですね。

どうしてこんな話をするかというと、自然全体の理解がまだ非常に浅いということです。自然災害のことを記憶しているかというと、していない。台風で新潟の住宅が洪水でやられたんです。国土交通省の河川局長だった竹村公太郎氏が、昭和三十年当時のその土地の写真を持ってきました。胸まで水に浸かって田植えをしてましたよ。そういうところを住宅にしたのだから、水が出て当たり前ですよ。それを自治体も業者も黙っている。自治体は住宅の立地条件を当然、公示すべきですよね。あるいは兵庫県の豊岡市というのは出口が凄く狭い盆地なんですね。そこを川が通っている。そこをブロックされると、中は湿地になってしまう。だからドジョウを食べたりなんかするコウノトリが最後までいたんですね。それで、豊岡市の博物館には、水位がここまで上がると市のここまで水に浸りますということを模型にして展示してあります。それくらいやらなければいけませんね。不動産業者は団結して商売の妨害だと怒るけれども、しかし長い目で見れば、災害のたびに金をかけなければならないのだから、結局みんなに負担がかかるわけです。不動産業者はそうした土地を開発すれば、安く買えるから安く売れるというわけでしょう。そういうところに関して社会があまりにも無責任なんです。

●環境と安全保障

衣食住をきちんと保証するというのは政治の根本です。「衣」はあまり問題ないけれど、「食」と「住」はやっぱりいまでも重要です。東京都の食料自給率が一パーセントでよくやっていられますよね。物流が止まったらアウトですよ。イギリスがフード・マイレージ（食べ物の重さとその輸送距離を掛け合わせた数値）をスーパーで表示することにしていますが、あれもおもしろいやり方だと思います。イギリスは日本に似ているところがあって、物流を完全に海外に頼っています。世界大戦でドイツに二度も海上封鎖されそうになっているから、非常に敏感です。この食品は原産地からどれくらいの距離を運んだのかということを表示しているのですね。それは健全な常識を育成するために大事なことです。ブラジル産の大豆を食べていたら、地球を半周してくるのだから……。つまり、石油の値上りで運送費が上がったらもたないな、ということが誰にでもわかるんですよ。そういうものは安いからといって買ったりしない。いまだから安いわけで、石油が切れてきたら大変なことになる。そうするくらいなら自分がブラジルに行ったほうが早い。

たとえば、アフリカのツルカナ湖畔に住むツルカナ族は魚を捕って干物にして売っているんですね。椰子しか生えていない土地で水がありませんから、農耕はできません。湖自体が塩水湖で、舐めると塩辛い。アルカリ性が強いんですね。それで、彼らに「いつから来たのか」と訊ねたら、一〇〇年も経っていない。「魚がいなくなったらどうするか」とまた訊ねたら、「また引っ越す」と。まるで遊牧民ですよ。

いま中国はブラジルの大豆を買っています。いまはブラジルから大豆を積んで中国に運んでいるけれど、そのうち帰りの船が中国人を積んでブラジルに着くようになりますよ。物流が大変になってくれば、食料を求めて人間が移動するようになるでしょう。

石油によるアメリカの繁栄は一〇〇年は持ったけど、エマニュエル・トッドが『帝国以後』（邦訳は藤原書店）という本を書いたように、そろそろ終わりは見えていますよ。それでどこへ動くかというと、Google（グーグル）でしょう。彼らは新しい生き方を探さざるを得ないのです。石油に依存した文明がもうどうにもならないことは、気の利いた連中には分かっている。それで情報産業へ動いている。情報戦略に関しても、日本はもっと考えるべきでしょうね。

さきほども述べたように、環境問題は安全保障問題そのものです。憲法九条や核武装の問題とも、すべてリンクしていると僕は思いますよ。

たとえば先日、ロシアとウクライナの間で天然ガスの価格を巡る争いがありましたが、原発全廃を目指していたドイツが方針を転換しましたよね。イギリスも潰すはずだった炉を潰すどころか新設する方向に転換した。これらはすべて安全保障問題です。つまり、天然ガスをロシアに頼ってしまうと、クレムリンの意向によって別なことで損をする可能性が生まれる。だから選択肢は多くしておかないといけない。これが安全保障であって、つまり石油問題であり、環境問題なのです。

だから、官庁が本気で取り組むべきことは、モノに徹することですよ。石油がどれくらいあり、それが将来どこまで使え、炭酸ガスが増えてくれればどのような効果があるのか。つまらないけれども、そういった調査を地道にやることが、官庁の仕事です。考えなければいけないのは、石油・水・食料ですよ。それが安全保障なのであって、核とか軍隊とかいうのはその先の話です。地震による被害のほうが、核ミサイルによる被害よりも起こる確率ははるかに高い。しかも、こっちの都合にかまわずに来る。だからこそ、いままでどのように自然災害とともに生きてきたのかを考えなくてはならない。日本社会が省エネで、非常によく働くようになったのは、自然がきつかったからですよ。そうしたメリットを生かすべきですよね。

ただし、いま政治に関わる人たちは、本気で環境を考えていない、繰り返しますが、私はそう考えています。現在の政治状況のなかで、環境問題がどの程度ほんとうに重要だと思われているかは、ふつうにメディアを見張っていると、見えてきます。

分かりやすい例でいうと、二〇〇七年六月号の『文藝春秋』誌に、最強の安倍内閣を作るとすれば、閣僚に誰を選べばいいかという座談会が載っていました。いろいろと名前が挙がっていましたが、そこに「ない」閣僚があった。それは環境大臣です。つまり政治に関心がある人たちの頭のなかに、環境問題なんか、実質的には「ない」と判断できるともいえるんです。これこそが国家の危機じゃないですか。おまけに松岡利勝農水相が自殺したあと、ただちに若林正俊環境大臣が農水相を兼務することになった。つまり環境大臣の本務は、いかに暇だと見なされているか。そうとも、受け取れる事柄ですよね。

環境省に力がないということも、しばしばいわれています。必要な省であることはまちがいないけれど、力がない。それなら、環境省の役人は力を持とうとするはずです。つまり、温暖化にかこつけて予算を得ようとするだろうということです。それがたとえば温暖化問題にも表れます。炭酸ガス削減のために、多大の予算を組もうとする。それがほんとうに意味があるかどうか、その検討のほうが先なのに、とにかくとろうとする。検討のための実証の作業にコストを惜しんではならないと思います。金を使うなというのではなく、使い方が違うのではないか、ということです。極論でいうと、実質的に使われるならば、温暖化で得た予算を他に使ってもかまわないとも思っています。たとえば、バイオエタノールに海草を使う方法があるなら、大陸棚の開発と保護などにお金をしっかりと投じればいい。

エネルギーに関しては、経済産業省の管轄だから、最近、経産大臣と環境大臣のせめぎあいがあって、閣議が不一致だとも聞いている。環境問題は、官庁間の隙間に落ちてきた問題だと思う。たとえば河川の管理ひとつとっても、河川は国土交通省の管轄だから、包括的な対策を環境省は打てないわけです。とはいっても、現場と官庁がつながって、システムをいったん作ったりすると、それはそれで「ああしたんだからこうしなくちゃ」といった論法で、現場が無視されるかもしれませんけどね。

いずれにしても、経済発展はCO_2の排出量と強く結びついているから、大きな流れから言ったら、温暖化はとめられないことでしょう。エネルギーを使わない生活をするというシステムの変換は容易ではない。勝手にエネルギーの使用スピードを減速させると、軋轢が必ず起きる。その使用の権利における格差問題にもなりかねません。おまけに日本だけではなく国家間の安全保障問題にも関わってくるということです。

◎何を考えるべきか

アメリカに従って物差しを作り、それに向かって全力投球することはやめたほうがいい。エネルギーを大量に使えばぼちぼちでなくてすむ、と思っていたのがアメリカ人なわけだから。国内の産出で石油がまかなえていたのが一九六〇年代までで、アメリカの黄金時代もそこで終わっている。その後はＯＰＥＣの意向を計算しなければならなくなり、挙げ句の果てがイラク戦争です。僕が生きている間で文明が始まり、終わってしまった。とても短かったよね。

社会システムも生物に倣えば、変なエントロピーを出さずに済む。江戸時代が三〇〇年近くなぜ保ったかと言えば、社会全体が生きもののように振る舞ったからでしょう。江戸時代のお陰で日本の自然が崩壊したことはなかったし、あのくらいでよかったと思いますがね。この一〇〇年が異常だったんですよ。それはシステムの問題なんだけど、考え方を変えるところから始めて、徐々に社会システムを変えていくしかないでしょうね。

僕には戦争の記憶があるのだけれど、それを何故いま言い立てるかというと、少なくともモノと人間生活との関係、あるいは国の態度が戦前とまったく変わっていないことが気になってしょうがないからです。日本はそこで一度こけたわけだから、同じことを繰り返すのは馬鹿ですよ。やはりいちばんしっかりしなければいけないのはリーダーですよね。普通の人は仕事をしているから、そういうことを考える暇がない。炭酸ガスの問題にしても、日本人がどれくらい排出していて、世界の総量の中でどれくらいの比重を占めているのかということを自分たちで把握しなければいけない。たしか五パーセント未満だったと思いますから、すべて削除したとしても大して変わりはない。だから電気をこまめに切れとか、アイドリングをやめろとか、どうでもいい話なんですよ。そういう態度のいちばんよくないところは、それが外国に対する道徳的圧力になると考えられているところです。しかしそんなはずはない。誰もそんなことは気にしませんよ。世界に対していい恰好をしようとしても意味はない。「欲しがりません、勝つまでは」が美談として成立するようなことは、いいかげんやめてほしいですね。なぜ僕がモノの話をするのか。それが倫理でも道徳でもないからですよ。ほんとうの大枠は何なのかを考え、ひとつひとつ根拠を明示していかないと、意味がない話ばかりになってしまうというわけです。

Ⅱ

環境問題の錯覚

池田清彦

一　何が「環境」の「問題」なのか

●かつては環境問題といえば自然保護と公害のことだった

一口に「環境問題」と言うが、そこからイメージされる「問題」とは一般にはどのようなものであろうか。最近では、地球温暖化の問題が盛んに叫ばれているから、「環境問題とは何か」と問われれば「地球温暖化の問題」と答える人も多いかもしれない。

かつて、環境問題といえばそれは、自然保護と公害の問題を指していた。どう自然を保護するか、どう野生生物を保護していくのか、ということが自然保護論者の最大の「環境問題」であり、一般の人々にとっては公害がいちばんの「環境問題」だった。

まず最初に「自然保護」について考えてみよう。「自然保護」という考え方は、かなり昔からあった。日本でも、古くから天然記念物の指定などといったやり方で希少な自然物を保護しようとしてきた。

そのうちに、そんなやり方だけでは根本的な自然保護にはならないということになった。個別の種だけを切り取って保護することは不可能で、システム全体を保護しなければならないということで生態系全体を保全しようという考えが出てきた。それは具体的には、たとえば、国立公園の指定だとか、自然保全地域の指定といったやり方で行われてきた。アメリカでは、国立公園の指定と整備は早い時期からなされていたし、あるいはオーストラリアでは環境レンジャーが数多くいて、現在でもそういう自然保護活動に力が注がれている。

ただ、二〇世紀のはじめには地球全体で一六億五〇〇〇万だった人間の数は、現在は六七億か、もうそろそろ六八億に届こうかという勢いで増加してきたわけである。当然、人口が増えれば、そのぶん、自然に対する圧迫も増す。単純な図式で言えば、もともとは地球上の資源を全生物がシェアしていた情況だったのが、野生生物のぶんを人間がたくさん横取りするようになったという話である。

エネルギーの面でも、食物の面でも、地球の生産性やバイオマス（生物資源）は基本的にそんなに変わらない。だから、人間が増えれば増えるほど野生生物はいなくなるというのは当たり前の話であって、人口を減らさずに野生生物保護を徹底するのは原理的には無理である。だから、自然保護は大事なことではあるのだが、野生生物の生息状態をたとえば一世紀前に戻すのは不可能である。

現在でも、人間だけでなく自然物そのものに生存の権利があると主張し、それを自然保護の基本の考え方に据えている人もいる。しかし、自然物に権利を与えるという考えは端的に間違っている。人間は自然物を利用して生きていくしかないのである。

もちろん、人間もまた自然の生態系の一部である。生態系は、大きく分けて、生産者（植物）と消費者（動物）と分解者（菌類）から成る。人間も当然、消費者（コンシューマー）の一員である。だから、自然物に権利があるから自然保護（野生生物の保護）をするというのとはまた別の文脈で、人間もその構成に含まれる自然の生態系を守らなければならないという考えは基本的には正しい。

その生態系を脅かすものにどう対処するのかという問題は、二〇世紀の半ばから大きくなった。人間がたくさん出すようになった汚染物質が生態系を破壊することが人間にとっても問題だという認識が出てきたのである。

たとえば、アメリカの生物学者レイチェル・カーソンは一九六二年に『沈黙の春』を書いて、DDT（有機塩素系の殺虫剤）などの農薬に含まれる合成化学物質の蓄積が環境悪化を招くことを告発した。人間がポルータント（汚染物質）を大量に出すことによって環境が破壊されるということが懸念され始めたのである。

その後、水銀の濃縮や、農薬の濃縮の問題も、声高に叫ばれるようになった。食物連鎖によって毒物の濃縮率が高くなっていって、食物連鎖における最終的なコンシューマーである肉食動物ではかなりの濃縮度になる、ということがよく話題になった。

たしかに、ワシやタカ、フクロウなどを調べると、非常に高濃度の水銀や鉛が体内から検出される。つまり、そういう動物が毒物によって死んでしまうということは大変な問題だし、つきつめれば、人間も食物連鎖の上のほうにいるのだから、いずれは毒物の濃縮によって生命が脅かされるようになる、ということが盛んに言われるようになった。

私が学生の頃（一九六〇年代）には、"today bird, tomorrow man" という言われ方をよく耳にしたものである。これはつまり、明日になれば今度は危険に晒されるのは人間なのだよ、人間の生存がおぼつかないよ、ということだった。

●環境問題には「流行」がある

一九五〇年代から一九六〇年代にかけてのもうひとつの大きな問題は大気汚染に代表されるいわゆる公害問題であった。しかし公害問題は技術の進歩によってあらかた克服されてしまって、今は空気も水もずいぶんきれいになった。その後で出てきたのが、ゴミをどう処理するかという問題であった。

一九六〇年代までは、ゴミはそれほどに大きな問題ではなかったと思う。家電製品の数は今ほど多くはなかったし、使いはじめで、捨てられる数も少なかったから、それらはまだ厄介なゴミにはならなかった。ほとんどつかないようなテレビまでもが中古の商品として売られていたぐらいだったのである。ところが、三〇年ぐらい前から、ゴミの問題は次第に大きくなってきた。

家電に関連して言うと、一時、盛んに騒がれた話としてフロンの問題がある。フロンがオゾン層を破壊するという話である。環境問題においてフロンガスは最大の悪玉のように言われていたものだが、いつの間にか、あまり誰も言わなくなった。

実は、最近では、フロンガスがオゾン層を破壊する主たる原因なのか、どうも怪しくなってきたのである。どうやら、南極の温度が下がるとその上空のオゾンが破壊されるという説が近年、有力になってきたらしい。つまり、オゾンホールの増大は、太陽活動に関連した南極の気温の低下が主因だったのではないか、ということなのである。

また、一時「環境ホルモン」が野生動物のオス化を促進するとして大きな問題になっていたが、これも最近ではどうやらガセネタらしいということが判り、言及されなくなった。

このことからもわかるように、環境問題にはある種の「流行」のようなものがある。その時どきの、いちばん〝ウケる〟話題が一気に出てきて、それだけが最大で唯一の環境問題になってしまう。逆に言えば、あとのことは別にたいした問題ではないというような感じにさえなりがちである。

現在でいえば地球温暖化を招く温室効果ガスの二酸化炭素（CO_2）の排出量をどう削減するかということが環境問題における最大のテーマのようになっているけれども、あと二〇年もしたら、CO_2の問題もあまりたいした問題ではなくなるのかもしれない。CO_2の代わりに別の「問題」が大きく取り上げられるようになるのではないかという気がしてならない。とにかくいまは、CO_2による地球温暖化が環境問題における最大の「流行」になっているのだ。

●有機物の循環

CO_2の排出と地球温暖化の問題についてはまた後で（「五」で）詳しく述べるとして、とにかく、家電がゴミとして出されるようになった一方で、有機物のゴミもまた、出される量が増えた。先進国では、食べ残しによる生ゴミが多くなったのだ。

日本の食料自給率は現在、四〇パーセント弱である。つまり、六〇パーセント強の食料を他国から輸入していることになるわけだが、実は食べ物全体の三割程度は食べ残しとして捨てられている。

すなわち、有効利用されている食物は七割だけということになる。考えてみればこれはたいへんな無駄であろう。たとえ食料の自給量を増やさなくても〝全部食べる〟ことを徹底しさえすれば食料自給率は実質的に上がることになるのだから。

ともあれ、たとえば東京で有機物のゴミが大量に廃棄されると、東京湾の汚染が進むことになる。いわゆる富栄養化による赤潮の発生等を招くからだ。

富栄養化とは、簡単に言ってしまえば、生態系の中にある栄養素の量が多くなり過ぎるということである。自然の力では処理・循環の速度が追いつかないぐらいに栄養素を多く含むゴミが大量に出てきて、それらが海洋の汚染につながっていったのだ。

有機物をどう循環・処理するかに関して言えば、東京では私はカラスが有効な働きをしていると思う。東京にはとてもカラスが多い。都民の多くはカラスのことが気に食わなくて、駆除をしろと言う人も大勢いるけれども、カラスは、有機物のゴミの処理という点から見れば、環境にとても良いことをしている。カラスがいるおかげで東京湾の富栄養化をかなり防ぐことができている面は間違いなくあるからだ。

カラスは、昼間、海辺とかで有機物のゴミを漁って、夕方になると郊外の森や林へ集まってきてそこで糞をする。つまり、海の栄養物を内陸に運んでいるという循環の役割を果たしているのである。

ところで、栄養素はどうやって生態系の中で循環し、活かされているのだろうか。一口に栄養物といっても様々なものがあるのだが、ここでは生態系の制限要因として重要なリンを例にとって流れを簡単に説明しておこう。

様々な栄養素のなかでリンは比較的重く、気体として存在しない。リンは、だから最終的には沈殿物として海の底に沈んでしまうのだが、それがアップ・ウェリング（海底から水がわき上がってくること）により海面近くにあがってくる。そういう場所にはリンが多いから、その海域は良い漁場になる。南氷洋（南極海）、北氷洋（北極海）、そして赤道のそばが、世界三大漁場と呼ばれているけれども、たとえばそのうちの赤道のそばは、寒流と暖流がぶつかって、寒流の冷たい水が沈んで海底にぶつかると、その反動で海底の水が上に向かい、年中、アップ・ウェリングがある。だからリンが多く上がっている。そのため、プランクトンがよく繁殖し、魚がいっぱいいる。

南氷洋、北氷洋の場合、寒くなると海水は凍るわけだけれども、まず先に真水が凍るため、氷の中の塩分は少ない。つまり、均一ではない。周りは塩分が押し出されて濃くなるから、重くなる。それが海中に沈んでいき、海底に到達するとその反動で底の水が上へあがってくる。ちょうど春になると、下にあったリンをたくさん含む水があがってくることになる。だから、春になれば、植物プランクトン、そして動物プランクトンが大量に発生する。するとこれらを食べる魚も大量に集まる。南氷洋と北氷洋は非常に寒いところにもかかわらずたくさんの魚がいるのはそういう理由による。

つまり、リンはそれぐらい重要な栄養素であって、アップ・ウェリングのようなメカニズムがないと海の底に沈殿して陸上生態系や中層以上の海洋生態系では利用できる量がどんどん減少してきてしまう。カラスのような動物はリンを海から陸に上げる役割を果たしている。だから、もし東京からカラスがまったくいなくなるようなことがあれば、東京湾はまずいことになってしまうのかもしれない。

●下肥までをも組み込む形での物質循環が行われていた江戸

江戸はリサイクルが高度に発達していた都市だというのはよく言われていることである。江戸には、鉱物（金属）製品、あるいは傘の骨や、古樽などの木製製品、そして紙屑、古着、その他様々なゴミに関して、それぞれに回収・修理・再生する業者がいた。共同の汲み取り便所に溜められた下肥は定期的に引き取られ、農業に使われたし、下肥を流通させるための専門の問屋や小売商もいて、商業的にもリサイクルはうまく成立していた。江戸は当時の世界最大の都市だが、そんな大都市が、下肥までをも組み込む形で物質循環をうまくやっていたのだ。

逆に、たとえば、かつてのロンドンは物質循環がうまくできていなかった。ゴミを全部、テムズ川に捨てていたために、テムズ川が下水まみれのドブ川のようになってしまって、非常に汚かった。下水道も上水道も整備されていなかった。ロンドンで伝染病が流行ったのはそのせいだった。

江戸でも伝染病がなかったわけではないけれども、かなり衛生的できれいな都市だった。だからこそ三〇〇年にわたって世界最大の人口を養うことができた。

ゴミ問題の観点から見た場合でも、有機物をうまく循環させていたという点で江戸は理想的なシステムを持っていたのだが、そんな江戸（東京）は、現在ではゴミの量が生態系の物質循環で処理できるキャパシティを大きく超えてしまった。現代では、食べ物がグローバルに動くことによって、開発途上国の有機物もどんどんと日本へ入ってくるという情況がある。流通によって、有機物の分布に偏りが生じているのである。

食べ物を大量に輸入している日本では生態系の物質循環とは別のやり方で有機物のゴミを大量に処理しなければならないという情況になっている一方で、食物をどんどん輸出している国の近海には富栄養化するという意味での海洋汚染はあまりない。その代わりに別の汚染――化学物質による汚染がある。グローバルに見ればそんな汚染の偏りも生じている。

●増えているのは炭酸ガスだけではない

有機物のゴミの循環がうまくいかなくなったという問題とは別に、本来の自然のサイクルでは処理しきれない様々な種類のゴミがたくさん出てきたという問題がある。

まず、石油からつくられた製品が増えたり、工業化が進んだことで、さまざまな汚染物質が増えた。石炭や石油や石油製品を燃やすと硫黄を含んだ煙が出る。いちばんよく知られているのは亜硫酸ガスだろう。そして、炭酸ガスも排出される。石油を燃やせば、二酸化炭素（CO_2）すなわち炭酸ガスが自然界が処理できる限度を超えて排出され、大気中の炭酸ガス濃度が徐々に増大しているということについては、いまや多くの人が問題として認識していることだろう。

たしかに大気中の炭酸ガスは増えている。けれども、生態系の中でいちばん増えているのは実は窒素である。

本来、大気の七八パーセントは窒素（N）だが、それを固定する細菌（マメ科につく根粒バクテリアなど）は、自然界にほんのちょっとしか存在していない。そのバクテリアによって窒素は生態系の中に入ってくることになるのだが、生態系の循環の中で、最終的にはそれをまた元に戻してしまうバクテリアもいて、つまり脱窒素（denitrification）されて、またもとのガスのNに戻されていく。そういう循環のバランスになっている。

ところが、窒素は重要な栄養物で、植物は窒素を含むアンモニアやアンモニウムを必要とするからということで、人間が大気中の窒素を固定して工業的に窒素肥料を大量につくるようになってしまった。本来、生態系に組み込まれないような量の窒素肥料がつくられたことによって、この一〇〇年で生態系のなかに流通している窒素の量は二倍になった。窒素の増加量は炭酸ガスの比ではない。

窒素のみならず、先に述べたように硫黄も増えた。石油や石炭やその他のいろんなゴミが燃やされることで、硫黄を多く含む排気ガスの排出量も増えたからだ。硫黄も、本来はタンパク質をつなぐS－S結合（ジスルフィド結合）に大事な物質なのだけれども、いま、生態系のなかに入っている硫黄の量は、人間によってどんどん増やされてきているのである。

ゴミ処理においてはダイオキシンが猛毒ということでよく問題視されるし、温暖化の原因だとして二酸化炭素が環境上の大問題になっている。本来の生態系のなかで循環される物質であってもむやみに増加すれば、二酸化炭素だけでなく、それが窒素や硫黄であっても、問題を引き起こす原因になる可能性は否定できない。炭酸ガスの量が増えているという問題は、生態系全体から見れば、そのごく一部でしかない。

炭酸ガスは確かに増えている。しかし、その増え方は、窒素などに比べればたいしたことはないとも言える。もともと空気中のCO_2の濃度は約〇・〇三パーセント弱だったのが、現在でもそれが〇・〇四パーセントにまでも増えていないぐらいである。

生態系の中で流通する量がどんどん増加していくと、二酸化炭素だけでなく窒素や硫黄も大きな問題になる可能性はある。窒素が増えていることに起因すると考えられる大きな問題は今のところまだ見出されてはいないけれども、そのうち、「窒素問題」が生じるのかもしれない。二酸化炭素にしても、ちょっと前まではあまり問題視されてはいなかったのだから。三〇年以上前からハワイでの観測で二酸化炭素の量がどんどん増えているということが少し話題になっていたけれども、現在のような環境上の大問題として扱われるようになったのは最近になってからである。

●自然界にもともとあるものと、ないもの

楽観的な見方をすれば、多くの炭素や窒素の化合物は、もともと自然界にあるものだから、

自然の循環に組み込まれる。二酸化炭素は、とりあえずは植物によって光合成に使われる。二酸化炭素がどんどん増えるということを想定して植物が進化してきたわけではないから、二酸化炭素が増えたり減ったりすることにすぐに対応することはできない。植物が処理できる能力が決まっているとすれば、生物体として固定されない二酸化炭素や窒素はどうしても増えてしまう。しかし、これが一〇〇〇年たったらどうだろうか。気温が上がれば光合成の速度は上がるので、植物も、増加した二酸化炭素を取り込む能力が上がらないとも限らないわけで、そうなれば大気中の二酸化炭素の濃度も少し下がるかもしれない。

中生代白亜紀（約一億四五〇〇万〜六五〇〇万年前）における炭酸ガスの量は、いまの五倍から一〇倍ぐらいあったらしい。それでも別にどうということはなかったのである。炭酸ガスの多い影響で地球の温度は現在に比べて平均六℃ほど高かったと考えられているが、それで大きな問題があったわけではない。

むしろ、白亜紀の自然のプロダクティビティ（生産力・生産性）は相当に高かったのだろうと考えられる。巨大な恐竜がいっぱいいたということは、相応のプロダクティビティの高さがあったということである。そして、それは炭酸ガスの濃度が高かったこととも関係している。炭酸ガスの濃度と気温が高ければ、光合成の速度は速くなる。現在よりも光合成の効率は高かっただろうし、つまりそれは植物の生産性が高かったということである。

おそらく現在の自然のプロダクティビティは、白亜紀に比べればそれほど高くはないので、恐竜のような大きな生物を養えるほどには、植物の光合成量も多くはない。逆に言えば、現在のような勢いで炭酸ガスが増えていき、もし仮に三倍ぐらいになれば、それはそれで植物が繁茂して、地球全体で養える生物の量が増えるという意味での生産性は上がるかもしれないのである。人間は、自分が現在享受できている状態をベストと考えて保守的になるから、炭酸ガス増加による変化を都合が悪いと考えてしまうだけの話である。

とにかく、そういう、動物・植物が利用できるような、生態系の循環のなかに組み込めるようなエレメント（要素・成分）はいいとしても、そうではないものについては人がなんとかしなくてはならない。燃やせば汚染物質が出るような具合が悪いものに関しては、それを放っておくわけにはいかないという話になる。そこで、ゴミをリサイクルしようという考えが出てくることになる。次節「二」では、ゴミとリサイクルのことについて触れる。

二　身の回りの環境問題——ゴミとリサイクルをめぐる誤謬

●ペットボトルのリサイクルはムダ

リサイクルは良いことだとされているけれども、リサイクルするためにも金がかかるし、エネルギーも要る。だから、リサイクルをすることによってどれぐらいの金とエネルギーがかかるかを考えないで、リサイクルすること自体を目的にすると、倒錯的な問題が生じてしまう。

たとえば、ペットボトルのリサイクルにはムダが多い。そのことについては、武田邦彦（中部大学総合工学研究所教授）が著した『環境問題はなぜウソがまかり通るのか2』（洋泉社。その本の巻末には著者と私の対談も収録されている）に詳しく書かれているけれども、要するに、ペットボトルは、わざわざ金とエネルギーをかけてリサイクルして再生製品化しても、ボトルが白濁してしまって、品質が悪くなる。ヴァージンの（未使用の純粋な）原料からつくったものと同じようにはつくれない。回収されたペットボトルからつくるＰＥＴ（ポリエチレンテレフタレート）は、相当なエネルギーを注ぎ込んでつくっても、最初に石油からつくるＰＥＴよりも格段に品質が劣るのである。日本人の消費者は、そんな白濁して汚れているように見えるペットボトルは商品として好まないから、結局それは売り物にならないということになってしまう、という話である。

ペットボトルの場合、ほんとうにエコロジカルな利用法を考えるならば、リサイクルゴミとしてすぐに捨てることはせずに、それを自分用の水の容器か何かにして何度も繰り返し使って、それから捨てたほうが、よほど環境にはやさしい、ということも武田は言っている。それも確かにその通りであろう。武田自身はペットボトルを五回以上使ってから捨てているという。

「リサイクルできますよ」と言われるから、人はむしろそれが良いことだと考えてペットボトルをどんどん捨てている。しかし、そうして捨てられたペットボトルが回収された後、その全部がちゃんとリサイクルされているわけではない。実際にはペットボトルはかなりの割合で燃やされている。ペットボトルを燃やしてしまっても深刻な環境被害をもたらすような有害物質が大量に発生するわけではないし、とくに大きな問題はない。

ペットボトルは、むしろ、燃やしてしまったほうが良いのである。とくに、ペットボトルは、生ゴミと一緒に燃やしたほうがかえって効率が良いのだ。

生ゴミは熱量が低いから燃えにくい。そのために重油をかけて燃やしているのが現状である。しかし、生ゴミにペットボトルを混ぜると、ペットボトルが熱源になるおかげで生ゴミは燃えやすくなる。つまり、ペットボトルを生ゴミの中に一緒に混ぜて燃やせば、わざわざ重油を使わなくともたやすく生ゴミを燃やせるのである。それなのにペットボトルをわざわざ分別して収集して燃やしているというのは実にムダである。どうせ燃やすのなら、何のためにペットボトルを可燃ゴミとは分けて回収しているのかわからない。

分別をするのにもエネルギーが要るし、金も要るし、人手も要る。それに見合わない回収をしてリサイクルをすることは、回収とリサイクルそのものを目的化する人たちの利権を生み出すだけなのである。

日本人の多くは、ある意味ではナイーブで、かつ、道徳的な倫理観も発達している。ふだん自分でできることがあるのならば、環境に良いほうを選ぼうとか、なるべく環境にやさしくしたいとか、そのように考えている善男善女は多いだろう。そういう人たちは、それがちゃんとリサイクルされると思えばこそ、ペットボトルを積極的にリサイクルゴミとしてしっかり分けて捨てている。それで環境に良いことをしていると信じ込んでいる。そういう人のナイーブさにつけこんで、ただ一部の人の利権のために行われているペットボトルの分別回収というのは、即刻やめてしまったほうがいい。

●リサイクルに向くものと、向かないもの

ペットボトルと異なり、ほんとうにリサイクルに適しているもの、効率よくリサイクルできるものは業者が金を払っても引き取ってくれる。そういうものについては市場に任せておいたほうがほんとうはいいはずである。

効率よくリサイクルできるものの例としては、アルミ缶が挙げられる。ボーキサイトからアルミニウムを精錬するときには大量の電力を必要とする。日本ではボーキサイトは採れない。わざわざボーキサイトを輸入してまでそこからアルミニウムをつくるのは電気代が高い日本では採算がとれないので、日本ではボーキサイトからのアルミニウム精製は行われていない。

しかし、アルミ缶を溶かしてアルミニウムの塊に鋳造するのは技術的にはさほど難しいことではなく、電力もあまり必要としない。だからそれは日本でやっても割安である。アルミ

缶のリサイクルにはエネルギーも手間も金もそれほどかからないのである。

使用済みのアルミ缶をわざわざ買ってまでリサイクルして再生商品化してもじゅうぶん採算が取れる構造だからこそ回収業者もそれを商売にできるのだ。いまはアルミ缶も行政が無料で回収してしまっているが、それは回収業者の商売を邪魔しているのだとも言える。リサイクルを行政がわざわざ税金を使ってやるのではなく、放っておいても再生品が売れるようなものはリサイクル市場に委ねて商業的にリサイクルされるようにすればいいのである。

わかりやすい例でいえば、鉄クズにしても、溶かして鋳造すればまた使えるわけで、それはヴァージンの鉄鉱石から精製した鉄に比べれば質は多少は落ちるだろうけれども、立派に商品にはなる。アルミ缶の場合もそれと同様である。

まったく同じことは古新聞についても言える。昔は零細な古紙回収業者がたくさんいてそれなりの商売になっていた。行政が古紙の回収にまで介入してきたので、零細な業者は潰れてしまった。

鉄やアルミの製品がよく盗難に遭うのは、それが金になるからである。古新聞でさえ時に盗難に遭う。盗もうと思う人間が多いのは、それらがリサイクルして使えるものだという証拠でもある。

ペットボトルを盗む人はまずいない。それはペットボトルをリサイクルしても金にならないからだ。そんなペットボトルは、結局、燃やしてしまうしかない。燃やすのなら、生ゴミと一緒に燃やすのがいいということは、先に述べた通りである。

リサイクルを促進する側は、リサイクル全体の効率性についての詳細な説明はしない。だから、一般の人は、とにかく何でもリサイクルというのは良いことだというふうに思ってしまいがちである。

けれども、ペットボトルのリサイクルと、アルミ缶のリサイクルとでは、その効率性がまったく違うのである。「ペットボトルは、生ゴミと混ぜて捨ててしまってください」というほうがほんとうは環境に良いはずであって、最近は、ペットボトルの分別回収をやめる自治体も出てきたのは良いことである。

●自治体指定のゴミ袋はエコロジカルではない

それでもまだ、ゴミに関して実にムダなことをしている自治体は多い。たとえば指定ゴミ袋なども、ムダの最たるものであろう。

たとえば、私が住んでいる東京の八王子市の場合、生活ゴミは指定された青色と黄色のゴミ袋に入れて可燃ゴミと不燃ゴミに分けて出さなければならない。二〇リットル入りの中袋は一〇枚で三七〇円。一枚三七円もする。あの指定ゴミ袋はヴァージンの石油からつくられているから、原価が高いのである。ただ燃やされる目的のためだけにわざわざつくられている袋というのは明らかにもったいない。

一方、スーパーマーケットのレジでもらえるような袋（いわゆるレジ袋）は、廃油からつくられるから、原価は非常に安い。ほとんどタダ同然である。タダ同然のものからつくられているからこそ、レジ袋はスーパーマーケットのレジでタダでもらえているわけだ。あのスーパーマーケットのレジ袋に印刷するか何かシールでも貼って、「この袋にゴミを入れて出してください」というふうにすれば、それで何の問題もないはずである。

行政がゴミの回収や処理をするために金が必要だというのであれば、高いゴミ袋を買わせるのではなく、スーパーのレジ袋を有料にして客に売り、スーパーマーケットに課金するシステムをつくれば良い。袋を何枚配ったかによって、それが難しいのなら売り上げ規模に応じて、店から金をとれば良いのである。そうすれば、原価の高い指定ゴミ袋をわざわざつくって売る必要もない。レジ袋をそのままゴミ袋に転用するのがエネルギー効率も良いし、環境にも良いのは間違いない。その上、そうすることでゴミ自体も減る。

いま、ゴミを出す場合、多くの人は、レジの袋にまずゴミを入れて、そうした小分けのゴミをまたさらに自治体指定のゴミ袋に入れてゴミ出しをしている。つまり、二重三重に袋を使ってゴミを捨てているのである。それに対して、指定ゴミ袋をつくっているメーカーなどは、スーパーマーケットのレジ袋を使うのをやめてほしいなどと求めているのだが、それは話が逆であろう。

最近では、「エコバッグ」などといって、客が買い物用の特別な袋を買わされたりもしているけれども、そういうエコバッグをつくるのにもエネルギーと金がかかっているということについてはあまり考えられていない。わざわざエコバッグを買うぐらいなら、廃油から作られているレジ袋を買い物袋として使い、ゴミ袋としても使ったほうが、実はよほどエコロジカルなのではないかと私は思う。

●リサイクルの何が良くて何がダメなのか

ゴミの有料化にも様々な問題がある。いま、リサイクル法にもとづいて、たとえばテレビ一台を回収してもらうにも三〇〇〇～五〇〇〇円の金がかかる。しかし、考えてみれば、これはずいぶんとおかしな話だ。

リサイクルするのに金が必要だということがわかっているのなら、売るときにそのための金をとってしまってそれをデポジットすれば良いはずである。捨てるときになって金がかかると言われるものだから、その金を払いたくない奴はわざわざ山林に投棄しに行ったりしてしまう。そういう不法投棄をする奴が悪いと言ってしまえばそれまでなのだが、捨てるときにタダならば、人はわざわざ車に乗って時間とガソリン代をかけて遠くの山へ捨てに行ったりはしない。そういう不法行為を誘発してしまうシステムになっていることが問題だと私は思う。

そもそも、家庭から回収されたテレビの多くはどうなっているのか。表向きは、回収されたテレビの内部にはまだ使える部品があるから、その部品がリサイクルされて使われる、という話になっているけれども、そんな作業を日本でやっていたら人件費が高くついてしまう。それよりは、海外へ持っていってそのまま売ってしまったほうが早いし安いし効率が良いということになる。

日本の家庭からゴミとして出されたテレビの多くは、まだ使える（視られる）。多くのテレビがわずか使用年数五～六年で使い捨てられているのが現状である。

普通に使えば一〇年以上はもつであろうものが捨てられる。それならばと業者は、部品のリサイクルなどはせず、テレビそのものを中国や東南アジア諸国へ持って行ってそのまま売ってしまう。たとえばそれを五〇〇〇円で売ったとすると、つまりそれは、日本で三〇〇〇～五〇〇〇円という金をもらった上で物をもらって（三〇〇〇～五〇〇〇円を払って〝買った〟のではない)、それをさらに五〇〇〇円で売っているわけだから、儲けは「差し引き」ではなく「加算」である(五〇〇〇円+三〇〇〇~五〇〇〇円で、八〇〇〇~一万円を儲けていることになる)。普通の商売ならば、売るものというのは買って仕入れる。しかし、この場合は、金を取って引き取ったものを、さらに金を取って売っている。リサイクルのための回収という名のもとに行われている一種のペテンのような商売である。最近よく、テレビ、パソコンは壊れていてもタダで引き取りますという廃品回収の車がやってくるが、タダで引き取っても儲かるものを金を取って引き取るシステムは明らかにインチキだ。

売れるものであれば売ってしまえば良いではないかという考え方もあって、それ自体は間違ってはいないかもしれない。ただ、それを日本から外国へ売るのが果たして良いのかどうかは議論の分かれるところだろう。

中古の家電を外国へ安く売るのは一種の資源の再利用だからいいのではないか、という人もいる。しかし、短期間でゴミになることがわかっている不完全な商品を他国に押し付けているのはやっぱり問題だ、という人もいる。

私は、売れるものは売ってしまったほうが良いというのはその通りだろうと思う。しかしながら、人から金を取ってあたかもリサイクル処理するようなふりをして持って行っておきながら、それを海外へ売り飛ばすというのは、やはり一種のペテンだとしか思えない。それに環境の面から見ても、世界的な視点から言えば、日本から中国やベトナムへ持っていくことで、結果的に汚染はグローバルに広がってしまっているのだから。

電化製品にしてもパソコンにしても、最終的に厳しい規制の下にきちんとリサイクルがなされていれば、環境への負荷は少ないかもしれない。しかし、実際は、日本から持ち込まれた家電やパソコンがしばらく使った後で中国などで解体される作業によって、有害物質が出て、結果的には環境汚染を他国に拡大させているのである。

●ゴミがないと困るハイテクのゴミ焼却炉

ゴミの処理をどうするかということで言えば、ゴミの焼却（とくに塩化ビニールのようなプラスチックゴミの焼却）による燃焼工程でダイオキシンが発生するということが問題になり、ダイオキシン類対策特別措置法（いわゆるダイオキシン法）が一九九九年に成立、二〇〇〇年から発効となった。二〇〇二年一二月から本格的な適用が始まったそのダイオキシン法によって、家庭用焼却炉や学校の焼却炉では、紙ゴミや庭のゴミでさえも燃やすことができなくなった。そのため、家庭用の小さな焼却炉を製造販売していた会社は潰れてしまった。

代わりに、ゴミの焼却処分のために、住宅街から遠く離れた山の中などに、高熱でゴミを燃やせるようなハイテクの高級焼却炉が巨費を投じて建設された。家庭用焼却炉ではなくハイテクの高級焼却炉をつくるメーカーはそれで相当に儲かったわけだけれども、その高級焼却炉のある場所へゴミを車で運ぶためにだって相当のエネルギーが要るわけだから、そんなことをするぐらいなら自分の家で燃やしたほうが本来は良いはずである。

そもそも、ダイオキシンの「環境ホルモン」作用で動物がメス化するだとか、家庭ゴミ焼却炉から出るダイオキシンで赤ん坊が死んでいる、などということが一時期よく騒がれたけれども、それらはみなウソであり、実はゴミを燃やして出るダイオキシンの量はそれほど多くはないこともわかっている。ダイオキシンの量が増えた原因の大半は農薬であって（一九六〇年代後半から一九七〇年代末までに使われた水田の除草剤のペンタクロロフェノールやクロルニトロフェン中のダイオキシンが、分解速度が遅いためにその後も残存し続けているのである）、重大な健康被害を引き起こすような量のダイオキシンはゴミの焼却によっては生じないのである。

ハイテクの高級焼却炉というのはある意味で原子力発電所に似ているようなところがある。いちど稼動させてしまったら簡単には止めたくはないのである。

いったん稼動を止めてしまうと、再度、炉を高熱にするのにエネルギーがかかる。それでは効率が落ちてしまうから、そうならないためにずっと炉を稼動させてゴミを燃やし続ける必要があるのだ。

これは妙な話で、ゴミ処理を効率よくするために常にゴミがないと困ってしまうということになる。ゴミを減らす目的でつくったものなのに、ゴミがないとシステム上の効率が悪いからと、なんとしてもあちこちからゴミをかき集めてこなければならない、というヘンなことになってしまっているのである。

そんなにずっとエネルギーを大量に使って高熱を維持しているのならば、場合によっては、その熱を別の目的に使うこともあっていいだろう。ゴミ焼却炉と連動した温水プールがある例もあるようだけれども、私は、ハイテクの高級焼却炉でなら火力発電だってできるのではないかと思っている。

発電については後述するけれども、たとえばバイオ燃料に比べても、ゴミからの発電のほうが効率がいいはずである。なぜなら、それはただゴミを燃やすだけなのだから。生ゴミとペットボトルを混ぜて燃やせば充分発電ができると思う。ハイテクの炉を稼動させるのにかなりのエネルギーと金がかかっているのなら、それを使って発電をするぐらいのことは真面目に考えたほうが良い。

●やればやるほどムダが出る

自治体は、リサイクルをすればするほど、ゴミを分別収集すればするほど、大規模なハイテクのゴミの高級焼却炉をつくればつくるほど、どんどんと金がかかって赤字になってしまう。だから、分別収集をもうやめるとか、ゴミ袋をやめるなどといったことを言い出す自治体も出てきた。

それに対して、時々、一部市民から、「なぜ分別収集をやめるのか」「なぜリサイクルをやめるのか」という不平・不満の声があがったりする。リサイクルや分別収集が「良いこと」だという考えを刷り込まれてしまっているから、その考えをなかなか修正することができないのである。

それはやっぱり最初に刷り込んだ奴が悪いと私は思う。リサイクル利権で儲けようとした人間が市民をだましていたわけだから。

人間が増えれば増えるほど、ゴミは出てくるのであって、そのこと自体は原理的にはどうしようもない。「一」で述べたように、有機物はなるべく生物に利用できるようなかたちで循環させるのが望ましい。そうできないものについては、何でも人工的にリサイクルをするのではなくて、効率よくリサイクルできるものとリサイクルしてもムダが多いものとを見極めて、リサイクルできないものはもう燃やしてしまうしかない。あとのゴミについては、毒物をいかに出さないかを考えていくしかない。

新しい製品が開発されれば、ゴミの質は変わる。それまでやっていたゴミ処理法では対処できないものも出てくるだろう。それを考えると、結局、ゴミ処理も小回りが利く技術のほうが好ましいということになる。

いままでは家庭で小分けして燃やしていれば済んでいたのに、それをやめて、かわりにハイテクの高級焼却炉を数百億円もかけてひとたびつくってしまうと、小回りがなかなか利かなくなってしまう。せっかくつくったのだから廃炉にしたらもったいない、ということになどうしてもなりがちである。

集中型のものをつくるより、分散型にしたほうが良いのだ。分散型ならば、ひとつがダメになっても、別のものに切り替えることをしやすいからだ。それはつまり、分散型のほうがリスクが少ないということなのである。

集中型より分散型のほうが良いというのは、エネルギーについても同様のことが言える。エネルギー問題をめぐっては次節で述べることにする。

三　ほんとうの環境問題——エネルギーと食料

●自然破壊と人口増加

リサイクルの問題というのは、ゴミをどう資源化するかという話だったけれども、そもそも大本の資源をどう確保するかというのが、実は最大の環境問題である。人間が生きて行く上で物理的に大事なのは「衣・食・住」だが、いざとなったときには「衣」(着るもの)はそれほど大きな問題ではない。やっぱり、「食」と「住」、すなわち、食うことと、どこでどう暮らすかということが、最大の問題になる。

住むところの問題としては、人間は寒すぎたり暑すぎたりするところには住めないということがまずある。とりわけ、寒いときには温かくしないと人は生きていけない。そのためには、どうしても燃料としてエネルギー資源を必要とする。

また、自転車に乗ったり、ただ歩くだけならば自分の身体を動かすためのエネルギー以外のエネルギーはかからないかもしれないが、現実的には、どこへ移動するにも燃料を必要とする乗り物を使う。電車に乗るにしても、飛行機に乗るにしても、車に乗るにしても、そこでエネルギー資源が使われているのである。

いまから一万年前には、地球上には人間は推定で一〇〇万〜五〇〇万人しかいなかった。基本的に何の科学技術もない状態で、人間が自然の生態系のなかで他の生物と競争しながら生きていく数としては、それぐらいが妥当な数だったのだろう。たった数百万人ならば、ほかの生物と自然の資源をシェアしていけるのだ。

いま、「たった数百万人」というふうに言ったけれども、数百万という個体数は、大型の動物としてはかなり多い。現在でいえば、それぐらい数が多い大型動物は地球上にほとんどいない。

現生人類は今から約一五万年前から二〇万年前に誕生した。アフリカ大陸で誕生し、当初は数百人かあるいは数千人だった人類が、地球上の各地に移住していきながら、そのキャリング・キャパシティ（環境収容能力）のなかで次第にその数を増やしていったのである。

オーストラリア大陸に人類が到達したのは六万年ぐらい前。アメリカ大陸へ渡ったのは、一万数千年前だと言われているけれども、それから二〇〇〇年も経たないうちにベーリング海峡から南米大陸の南端まで届いているのだから、人間の移住速度はとても速い。

そうして、いまから約一万年前には、人間は、地球上の行ける所・住めるところへは概ね行き渡った。その頃の人口が一〇〇万〜五〇〇万人だったというわけである。

人間がオーストラリアへ渡った時期を境にして、オーストラリアの動物はずいぶんたくさん絶滅している。おそらくはアボリジニの祖先の人たちが珍しい動物をどんどんと亡ぼしてしまったのだろう。E・O・ウィルソン『生命の未来』（角川書店）によれば、小型自動車ほどもある陸ガメとか、エミューに似ていて体が非常に大きくて体重が一〇〇キロもある空を飛べない鳥とか、体長が七メートルもあるオオトカゲとか、奇妙でおもしろい動物がオーストラリアにはいたのである。なぜそれがわかるかといえば、化石が出てくるからだ。珍しい動物の化石を分析すると、ちょうどアボリジニの祖先がオーストラリアに渡った頃に絶滅していることがわかるのである。

人間は太古の昔から自然破壊をしてきたのだ。当然のことながら、環境破壊はいまに始まった話ではない。

●人口が増加に転じた要因

ともあれ一万年前には一〇〇万〜五〇〇〇万人しかいなくて、それで安定していた人口が、約八〇〇〇年前から増えだした。それまではほとんどプラス・マイナス・ゼロだった人口増加率がプラスに転じたのにはその少し前に農耕が発明されたことが関係している。

それまでの人間は、野生動物と食べ物を奪い合って生きてきていた。それが農耕を始めたことが大きな転換点になったのである。野生動物や植物を直接獲って食べていた人間が、今度は、野生動物の棲みかを奪って原生林を切り開き、そこを農地に変えたのだ。

農地にするということは、その区域を人間が囲いこんでしまうということだから、それは自然の収奪であり、破壊である。そんなことをすれば当然、そのぶんだけ野生動物は減り、人間は増える。

農耕が始まってから、世界の人口は年に〇・〇七パーセントの増加率となり、以降、だいたいコンスタントにその増加率が続いていく。

人間は、次から次へと森林を切り開き、開墾して、湿地を水田にしていった。そして、紀元〇年ちょうどの頃には世界人口は推定で二億〜三億人ほどになった。つまり、今から約二〇〇〇年前には二億〜三億人の人間がこの地球上にいたことになる。

●エネルギーと食物の関係性

そういう人口増加に次のギアチェンジがかかるのは、いまから二〇〇年ほど前である。それは石炭を使い始めるようになったときであった。化石燃料の使用を契機として人口増加率は七倍に跳ね上がるのである。人口増加率は、年に〇・五パーセントになったのだった。その時、すなわち一九世紀はじめの世界人口は約九億人であった。

さらにそこから一〇〇年が経つと、人間は今度は石油を使うようになった。すると人口増加率はもっと上がって、一パーセント近くになった。ちょうど二〇世紀初頭のことである。一九六〇～一九七五年あたりの人口増加率は年二パーセント近くもあった。近年は少し下がって年一・三三パーセントぐらいだ。二〇世紀のはじめに一六・五億人だった世界人口はいま六七億人だ。一〇〇年ほどの間に、世界の人口は四倍に増えたことになる。

要するにエネルギーを使うようになったことで人口が急速に増えたわけである。人間がエネルギーを何に使ったのかといえば、そのかなりの部分は、食物を作ることとその輸送に使ったのである。農業にエネルギーをつぎ込むようになったことで世界の食物の生産量は飛躍的に増えていったのだった。

単純化して言うと、いま、アメリカでは石油エネルギーを〝一〟使って、炭水化物エネルギー〝一〟ぶんの作物を生み出している、という収支効率になっている。日本は集約農業をやっているから、三ぐらいの石油エネルギーをつぎ込んでようやく一ぐらいの炭水化物エネルギーの作物を生み出していると考えられる。石油の値段が安くて、食物の値段が高いから、経済的にはそれで採算が取れるのだけれども、単にエネルギー収支の観点からいえば、これはとても効率の悪い、無駄なことをしていることになる。

それでも、とにかく、本来だったら太陽光での光合成によるぶんしか生産量がなかった作物を、肥料を使ったりエネルギーをかけて集約農業をすることによって、収穫量を桁違いに増やした。生産性があがって食物が増えたから、世界人口が増えてもそれを支えられるのだ。

逆に言えば、それがなければ、おそらく人口を支えられない。現在の世界人口は約六七億だが、もし石油や石炭がなくなって、代替エネルギーもないということになったら、六七億人を養う食料を生産することは不可能である。六七億人がバイオエネルギーだけに依存するのも到底無理なことであって、東京大学生産技術研究所の渡辺正の話によれば、三〇億人ぐらいならなんとかやっていけるかもしれない程度なのである。

ともあれ、そういう意味で、食べ物とエネルギーはリンクしている。日本の場合、国民一億三〇〇〇万人ぶんの食べ物をどう確保するかということになるわけだけれども、日本の国内だけでは、いかに効率よく作物を生産しても、完全自給は難しいかもしれない。山を全部、畑にしてしまえばいいのかもしれないが、すべてが農地に適しているわけではないのだから、日本の自給率が低いのはある程度はしょうがないのかもしれない。

たとえばフィンランドの場合、日本と同じくらいの広さの国土に日本の二〇分の一ほどの人口しかいない。そういう国の食料自給率を一〇〇パーセント以上にするのは難しくないのは道理である。

逆に言えば、日本も、人口を半分にしてしまえば、食料自給率は現在の倍になり、エネルギー消費量は半分になる。極端な話になるが、計算上は、人口を五〇〇〇万に減らしてしまえば、食料自給量が現在と同じままでも食料自給率は一〇〇パーセントに上がるのである。そう考えると、一億三〇〇〇万の人口を維持する必要はない。だから、少子化は果たして根源的には大きな問題なのか、私は疑問なのだが、人口のことについてはまた後で（IIの「四」で）述べることにする。

●持続可能なエネルギーはない

熱力学の第二法則の考え方に従えば、この世に存在するエネルギーのうち有効に使えるエネルギーは常に減少していくのは間違いないわけだから、持続可能なエネルギーというのは根本的には存在しえない。もちろん、エネルギー不滅の法則から見れば、エネルギー全体は不滅なのだけれども、あるフォームから別のフォームに変わるときに熱が出るわけで、熱は必ず拡散してしまうから、どんなエネルギーも、使っているうちにだんだん質の悪いエネルギーになっていくのである。すなわちエントロピーは不可避的に増大する。

太陽エネルギーも例外ではない。太陽はおそらく、あと五〇億年もすれば、その寿命が尽きる。すなわち、太陽エネルギーも永久に持続可能なエネルギーというわけではない。もっともその前に、あと一〇億年から二〇億年もたつと太陽は熱くなり過ぎて地球上に人類は住めなくなるだろう。それまでに絶滅していなければの話であるが。まあともかく、当面の間は太陽の寿命を計算してもしょうがないわけで、とりあえず太陽エネルギーだけは持続可能なエネルギーだということで考えるしかない。

太陽エネルギー以外のエネルギーについては、どれもがどう考えても有限なエネルギーだということは疑いようがない。石油も、石炭も、昔の生物がつくったエネルギーであって、それらが無限にあるわけではもちろんないのだから。

石油の場合、生物が八〇〇〇万〜一億年もかけてつくったエネルギーであって、それを、たかだかこの二〇〇〜三〇〇年の間に全部使ってしまおうとしているのだから、そういう意味ではこれはエネルギー効率が良いに決まっている。言ってみれば、おじいちゃんとお父さんが長年にわたって一所懸命に蓄えた金を、息子がドンちゃん騒ぎをしてたった一晩で全部使っているようなものである。現代文明というのはまさにそのような形で石油に依存しているのである。

●石炭と石油が自然環境を救った

昔は、たとえばメソポタミア文明でも古代中国でも、木を伐ってそれをエネルギー源にしていた。ところが、木はある程度は持続可能なエネルギーであるにもかかわらず、木がもつ生産力以上にその木を伐ってしまった。木は、育てるのに時間がかかるのだから、現在であれば伐って利用するにしてもその生産性と持続可能性のバランスの問題を多少は考慮するだろうが、当時はそんなことはほとんど考えずに、とにかく全部、伐ってしまった。その結果、木がなくなって砂漠になってしまったことが、古代文明の滅亡の大きな要因のひとつにもなっている。

古代文明だけではない。典型的な例はイースター島であろう。

イースター島へは五世紀初頭に初めて人間が入った。五世紀当時のイースター島は全体が緑に覆われた島だったらしい。花粉分析（地層の中の花粉からその当時の植生を調べる方法）によると、イースター島にはとてもたくさんの木が生えていたことがわかっている。

そこへ人間が行って島の木を伐りはじめた。周りは海だから、丸木舟をつくるために木を伐ったし、その他の生活のためにもどんどんと伐採を続けた。ほかに人間が入れたネズミがヤシの実を食ってしまったということも関係しているのだけれども、ともあれ、実生がなくなってしまい、最終的にはもう、木そのものがまったく生えてこない状態になってしまった。

木が全部なくなってしまえば、それはもはや増やしようがない。木がなければ丸木舟もつくりようがなくなり、舟がなければまわりの海から食料とする魚も獲れなくなり、島から四〇〇キロメートル離れた無人島にたくさん生息していた海鳥も捕ることができなくなった。どうしようもなくなって、イースター島の人口は激減した。入島以来、五世紀から増えていたイースター島の人口は、ピークの一六世紀には七〇〇〇人ぐらいはいたらしいけれども、そのあとはあっという間に減少したのである。最終的には、部族間の抗争があって、互いに殺しあい、人肉でやっと食いつないでいたというような悲惨な情況だったと言われている。

イースター島の例から読み取れる教訓としては、やはり、どんなバイオマスをエネルギーにするにしても、ちゃんとある程度は持続可能なことをやらない限りは、破滅を招いてしまうということである。地球全体で考えてもそれは同じことが言えるだろう。

木と石炭・石油の関係についていえば、人間は、一八世紀に石炭を使い始め、一九世紀の終わりか二〇世紀初頭頃から石油をエネルギーとして使い出したからこそ、これだけの木がまだ残っているともいえる。石炭や石油をエネルギー資源として発見しなかったら、イースター島のように、あるいはかつての古代文明の地がそうであったように、木をエネルギー資源として使うためにただひたすら伐ってしまい、その結果として、荒涼とした砂漠ばかりが広がるひどい世界になっていたかもしれない。

その意味では、石炭と石油は人類を救った、という言い方ができるのかもしれない。最近ではむしろ石油は環境破壊の元凶としてとらえられることが多いけれども、それは短期的な見方であって、マクロな視点からは、石油が自然環境を守ったという面だってあるのである。

●本来、最もエネルギー効率が良いのは水力発電だが

ただ、いずれにせよ、石油や石炭が枯渇したら、とにかく何とかしなければいけない。先述のように、とりあえず持続可能なエネルギーというのは、究極的には太陽しかない。

単純化すると、バイオエネルギーというのも、光合成で作るのだから源は太陽エネルギーなのだし、風力にしても水力にしてもそもそも太陽光のエネルギーを用いているという点で

は太陽光発電である。太陽があるおかげで風は起こるのだし、太陽のおかげで水も蒸発する。海洋に太陽光が当たって温度が上昇した海水が蒸発し、それが雨となって陸に降り、その雨が集まって川筋や谷へ流れ込む。その水の動力を利用して電気をつくるのが水力発電である。最初は太陽のエネルギーを用いて水を蒸発させて雨を降らせ、その後、陸上の広い面積から集めた水を、最終的に人工的に狭い管に集中させるわけだから、実に効率が良い。すなわち、発電でいちばん効率がいいのが水力発電なのである。

水力発電の場合は、最初に水力発電所を造るためのエネルギーが要るが、建設にかかるエネルギーは火力発電所や原子力発電所に比べて高いわけではない。造ってしまえば、あとはタダ（タダというのは変な言い方だが）で天から落ちてくるものを使うのだから効率が良い。ただ、難点は、立地が限られているということだ。日本の場合は、もはや、水力発電所を新たに造るのに適した場所がそう多くは残されていない。

大正時代から昭和の終戦直後までは、水力発電が日本の電力供給のトップであり続けた。戦後しばらくたってから、水力だけでは追いつかないということで火力発電所をいくつもつくり、それでもまだ足りないということになって、原子力発電をするようになったのである。

戦後、間もなくの頃は、日本の電力の六〇パーセント程度は水力発電でまかなわれていた。それが、現在は一五パーセントくらいでしかない。昔に比べて水力発電の電力供給量が減ったわけではなく、全体の電力需要が増大したからである。それだけ戦後の日本はエネルギーを使いまくってきたということである。

それはある意味でしょうがないことであって、エネルギーを使わなければ経済は発展しない。基本的に、エネルギーを使わないで経済発展することは不可能なのだから、今後も経済発展を続けなければならないのであれば、将来的に石油に代わるエネルギーが必要となる。

●なぜアメリカがバイオ燃料に力を注ぐのか

少し前から、アメリカは、バイオ燃料の有効性を盛んに強調している。バイオ燃料とは、植物を材料にした燃料のことだ。なかでも、トウモロコシなどの穀物に含まれる糖類を発酵させてつくる「バイオエタノール」が有名である。

日本でも「これからはバイオ燃料の時代だ」ということを能天気に言っている人もいるけれども、現在のバイオ燃料は基本的にはちっとも優れてはいない。

なぜなら、バイオ燃料というのはいま石油を使ってつくられているからだ。石油を使って穀物をつくり、さらにそれを石油の等価物に変えているわけである。それならば、最初から石油を燃料として使ったほうがエネルギー効率が良いのは明らかである。

トウモロコシをつくるのにしても、そのためにすでに石油エネルギーを多く使ってしまっているから、間尺にあわない。バイオマスを、特段、何のエネルギーもかけないで、光合成だけでつくれば、エネルギー効率は良いだろう。しかし、そうやって得られるバイオマスの収量は高が知れている。

それにもかかわらずアメリカがいまなぜバイオ燃料の有効性を強調しているかといえば、アメリカは穀物自給率が一〇〇パーセントを超えているからである。つまりそれだけ余剰の穀物があるということなのだ。

穀物を、食料としてだけでなく、バイオエネルギーとしても使うということになれば、穀物の価格は上昇する。まずそれだけでもアメリカは儲かることになる。食物として穀物を必要とする人も世界中には数多くいる。値段を吊り上げたトウモロコシや大豆を、食料としても高く売ることができ、エネルギー源としても高く売ることができれば、アメリカの産業としては、それで儲かるのだ。だから、アメリカの戦略からすれば、とりあえずバイオ燃料の需要を増やすのが都合が良い。

それに、アメリカのように穀物自給率が一〇〇パーセント以上の先進国はそれほど多くはない。たとえばロシアの穀物自給率は九〇パーセント台である。ＥＵ諸国で言えば、たとえば農業国であるフランスは穀物の自給率が一〇〇パーセントを超えているけれども、もともとの規模が小さいから、余剰の穀物は量としては多くはない。そんななかでバイオ燃料がもし世界の趨勢になれば、競争力に勝るアメリカが主導権を握れる、という構図なのである。

日本は前述のように食料自給率が四〇パーセント程度である。穀物自給率にいたっては二八パーセントともっと低い。だから、穀物由来のバイオ燃料に関しては競争力を持てない。中国も、穀物生産量は多いが、人口が多いため、自給率は一〇〇パーセントを切っている。だから、中国はブラジルのバイオ資源を買い占めようとしている。アメリカに対抗するためにはそういうことをしなければいけないと考えているわけで、中国はそういう点ではしたたかなところがある。

そんななか日本だけが、のほほんとしていて、環境のためには石油の使用をなんとか減らしてCO_2削減のための努力をしなければならない、というようなことばかりを言っている。肝心の、石油に代わるエネルギーをどうするかという国家戦略はまったくないのである。

●日本におけるバイオ燃料の可能性は?

前述のように、バイオエタノールのエネルギー効率は決して良くはないし、穀物の自給率が低い日本で穀物からバイオ燃料をつくるのはもっと効率が悪いことになる。

もし森林国である日本がバイオ燃料をつくろうというのなら、余剰の森林資源を活用するのが最も良いはずである。たとえば、杉の間伐材を使ってバイオ燃料が出来るのなら、それは理想的だろう。しかし、木材の主成分である木質素（植物体に含まれているリグニンという成分）やセルロースは非常に分解されにくいため、木材をアルコールにするのは困難である。困難だということは、効率が悪く、金もかかってしまうということだ。

考えてみれば、簡単にリグニンやセルロースを分解してアルコールに出来るのなら、たとえば杉の間伐材からつくられたような酒がすでに出回っていてもいいはずである。そんな木の酒がつくられないのは、技術的に難しいからだ。芋や麦や米といった穀物から酒をつくるのは比較的簡単だが、木材から酒をつくるのは大変なのである。

バイオ燃料も、分解してアルコールにするということでいえば酒と同じである。トウモロコシやサトウキビなどに含まれる糖を分解し、発酵させてつくるのがバイオエタノールであるわけだが、その工程は穀物から酒をつくるのと同様のものである。リグニンやセルロースからアルコールをつくるのはまったく別の話なので難しいということなのだ。

であればむしろ、本来的に木材は燃やしたほうがエネルギー効率は良い。しかし、いまのエネルギー利用技術は、使用端末としては、気体か液体でしか使えないような構造になってしまっている。天然ガスや石油は使えても、石炭などの固形の燃料が使えないような構造のものが多い。

木材のような固形のものは輸送においても不利である。液体も気体もパイプラインのようなもので運ぶことが可能だが、石炭はそのような運び方ができないし、木材にいたってはもっと輸送に難があることは言うまでもない。

いまの、エネルギー資源を使うテクノロジーのほとんどが、気体燃料か液体燃料に適応したものになってしまっているので、固体のものを燃料として使うのは難しいのである。非常に性能の良い薪ストーブが開発できて、（木材の輸送をする必要がない）自分の家のすぐそばで薪を切って、それをストーブで燃やすのが暖房としては理想的な形ではあろう。現代においても、一種のファッションとして薪ストーブを使っている人がいるけれども、東京などの都会では、薪を運ぶのにエネルギーと金がかかってしまい、薪自体の値段もけっこう高いので、コストの点からいえば結局は灯油や電気のほうが安いということになってしまっているのである。

●貧民から食料を奪うことにつながるバイオ燃料

今後しばらくはまだ、世界人口の増加は続くだろう。このままの勢いならば、最終的には一〇〇億人ぐらいの人口になってもおかしくはない。どこかで人口増加が止まるとしても、現在の人口が六七億だから、もうしばらくすれば少なくとも八〇億人ぐらいの人口にはなるのは間違いない。

人口が増加していくなかで穀物の価格が上昇するとなると、どういうことが起こるだろうか。おそらく第三世界の人々の間にかなりの数の餓死者が出てくるだろうということが想定される。

食べ物をエネルギーに使えないのならば、余った食べ物は飢えている人たちの援助に回そうという話で決着する可能性が高まるはずである。しかし、本来は食べ物であるべきものを食べ物でなくエネルギー資源としても使えるということになったら、エネルギー化してしまうことがむしろ優先されるであろう。その点からいってもバイオ燃料は大きな問題性を孕んでいる。

ひとりの人間が食べる量というのは、貧民であっても、先進国の人間でも、それほど大きな差があるわけではない。だが、ひとりの人間が使うエネルギーの量には相当に大きな差がある。たとえば、元アメリカ合衆国副大統領のアル・ゴアは、環境問題において世界に貢献したなどと評価されてノーベル平和賞までもらったけれども、彼はたいへんな豪邸に住んでいて、冷暖房も完備の家で暮らしている。アフリカの貧民とは桁違いのエネルギーをゴアがひとりで使っていることになる。

もし食べ物をバイオエネルギーに転換するということになれば、それは、金持ちが貧乏人の食料を収奪してエネルギー源にして燃料等に使ってしまうということなのだから、倫理的には決して良いこととは言えないだろう。つまり、倫理的にも、エネルギーはなるべくバイオエタノールではないものを使ったほうが好ましいはずなのである。

バイオエタノールを燃料として使うことで排出されるCO_2はもともと大気にあったCO_2を植物が取り入れたものだからCO_2の大気中の総量は増加しない、との理屈から、バイオ燃料はCO_2排出量の削減にも有効だと言う人もいる。すなわち「バイオエタノールはカーボン・ニュートラル（環境中の炭素循環量に対して中立）だ」などといいかげんなことを言っている人も多いけれども、CO_2排出の問題から考えてもバイオエタノールが環境に良いなんてことはない。すでに述べたように、原料のバイオマスがどのようなエネルギーを使ってつくられたのかということからの全工程を考えたら、カーボン・ニュートラルなんてことはそもそもありえないからだ。バイオマスにするまでにCO_2がたくさん出ている。もっとも、視点を拡げてマクロに全体を見れば、地球全体に存在する炭素の量は増えも減りもしないのだから、どんなものだってカーボン・ニュートラルだと言いなすことも可能なのである。

●風力発電やエコカーはペイするかが問題

日本でも最近、風力発電所を建てたりしているけれども、効率が良いかどうかは疑問がある。そもそも日本は風力発電に向いていない。

日本は風力発電に適した立地が少ないのである。いつもいつも同じような風が吹いているところが風力発電には適しているわけで、日本のように、ふだんはさほど風が無いわりには、台風のときだけすさまじい風が吹き荒れるというのがいちばん具合が悪い。台風は強い風だからといってそれが風力発電にとって良いわけではなく、むしろ発電機が壊れることのほうが心配だというリスクがある。したがって日本で風力発電に向いている所は基本的に少ない。

風力発電所をわざわざ海の上に建てようとしている計画もある。その風力発電所自体は、出来上がればエコロジカルな施設なのかもしれない。ただ、海上に風力発電設備をつくるのにどれだけのエネルギーとどれだけの金がかかるのかを計算し、それがペイするかどうかを考えなければならない。

つくったあとのことしか考えないので、そこだけを強調して、それがエコロジカルだと言っているだけである。さまざまなエコグッズもそうだけれども、その「環境にやさしい」と言っている製品をつくるために、どれだけのエネルギーが投入されたのか、使われたエネルギーにそのエコグッズは見合っているのか、ということはあまり考えられていない。ただ「環境にやさしい」という言葉だけにつられて、エコグッズを使おうなどとキャンペーンに引っかかっている人が多い。

たとえば、エコカーは環境に良いといっても、そのエコカーをつくるのにいったいどれだけのコストがかかっているかということも考えられなければいけない。コストがかかっているということは、そのために物が動き、人が動いているということであって、それだけエネルギーがかかっているということなのだから、それをどのくらい使わなければペイしないのかを計算に入れるべきだろう。

単純計算で言えば、普通の車の二倍の値段のエコカーだったら、普通の車と同じだけしか走らなければ経済的には絶対にペイしないと思うけれども、燃費を考慮に入れてどれぐらい乗ればペイするのかということは誰もあまり気にしていない。たとえばハイブリッドカーは、普通の車に比べて、どのくらい耐用年数が長いのか。どのくらい燃費の節約になって、それは初期投資（その車をつくるときに普通の車よりも余分にかかるエネルギー）をどのくらいカバーできるのか。あるいは乗る側がそのハイブリッドカーをどれだけ長く使おうとしているのか。普通の車と同じような走行距離を乗っただけで廃車にしてしまったら、結局、それはちっともエコロジカルではない。そういうこともちゃんと考えたほうがいいのだけれども、ハイブリッドカーが良いということを喧伝したり報道したりする人は、それを考えさせるような説明をまったくしていない。

エコロジカルな発電の良さを言う場合でも、それをつくるのにどのくらいの金とエネルギーがかかって、最終的にどうペイするのかという、インプットとアウトプットのバランスから考えられるべきである。それを抜きにして「とにかく環境に良い」なんてことはまずありえないのだから。

●太陽光発電の問題点と優位性

バイオ燃料も良くないし、風力発電もなかなかうまくいかないということになると、つまるところ、やはり太陽光発電だという話に最終的には行き着く。しかし、太陽光発電にもいくつかの難点がある。

まず、太陽光発電は基本的にエネルギー効率があまり高くはない。大量の発電をするにはたくさんの太陽電池を敷き詰めなければならないわけだから、広い面積の土地を必要とする。現在の技術では、中規模の火力発電所程度の電力を太陽光発電で供給しようとすると、新宿区全部に太陽電池を敷き詰めないとできないような計算になる。それぐらい、太陽光発電はエネルギー効率が悪い。

それに、当然ながら、あまり日が照らないようなところは太陽光発電には向かない。いちばん適しているのは、サハラ砂漠のような場所で発電をすることであろう。だが、その場合のボトルネックは、そこでできた電気をどうやって人間が数多く生活の営みをしている都市部へ運ぶかである。

電力は、発電所から遠くまで運ばれる間に、大幅に減衰してしまう。つまり、途中で熱になってしまうのである。発電をしたすぐそばでその電気を使うのならば、そのまま一〇〇パーセント近い効率になる。しかし、たとえば柏崎の原子力発電所から東京に持ってくるあいだにも、電力は減衰してかなりなくなってしまっているのである。

もちろん、できるだけ減衰しないように、高圧で電気を運んではいる。現在、銅やアルミの高圧電線が使われているけれども、電気伝導の良さで言えばほんとうは銀のほうが良い。けれども銀は高いからそれだけコストがかかる。

高い鉄塔と鉄塔の間を走っている高圧電流の電線を、我々は地上から見ているからなかなかその太さがわからなくて、なんとなく細い線のように思っている人も多いだろう。あの電線は実際には直径が数センチほどもある。電線は長くて細ければ抵抗が大きくなり電力はそれだけ途中で減衰してしまうから、高圧電線はなるべく太いほうが良い。しかし太い高圧電線でも電力を運んでいる間に電気は熱になってしまっているのである。直径一メートルの電線というのもつくれないことはないだろう。だが、それはそれで莫大な金がかかってしまうから割に合わない。

だから、発電所はあまり遠くにつくるわけにはいかない。それなら発電所でつくった電気を運ぶのではなくて、その場で太陽電池をつくれば良いということになる。ただこれも、いまのところ、太陽電池をつくるにはたいへんなコストがかかる。何度も言っているように、金がかかるということは、結局、それだけエネルギーがかかるということである。

現在の技術では、太陽電池をつくるのにも石油エネルギーを使っていることになる。その点では太陽光発電もエネルギー効率においてバイオ燃料と構造的に同じ問題を有していることになる。

だから、石油を使わずに、太陽光発電によって太陽電池をつくるような技術を立ち上げることができれば、ほんとうはそれがいちばんいい。

環境科学の伊藤公紀（横浜国立大学大学院環境情報研究院教授）の話によれば、「現在の四分の一程度の低コストで発電する技術がアメリカで開発されています。短冊形シリコン太陽電池と呼ばれています」（『現代思想』二〇〇七年一〇月号の池田清彦との対談）という。これまで太陽電池はコストがかかりすぎることが難点だったわけだから、四分の一のコストで済むというのは大きい。このような技術革新が進めば、太陽光発電の有効性は高まることになる。
太陽光発電に関しては、森永晴彦という原子核物理学者が一〇年以上前におもしろいアイデアを提示していた。森永は、原子力発電は危険だからできればあまりやらないほうがいいというのが基本的な考え方なのだが、その上で、以下のようなプランを提案していた。

日本の技術で、都市部からはるかに離れた僻地で、なるべく人力を使わずに作動させるモダンな原子炉をつくることはさして困難なことではない。したがって、大型で能率のよいモダンな原発を数基つくり、それをシリコンの材料となる砂やアルミの獲得に便利なところに設置して、太陽光発電機製造だけを目的とする電解（電気分解）用原子炉として用いれば、かなり安い太陽発電機の供給ができるはずである。

（森永晴彦『原子炉を眠らせ、太陽を呼び覚ませ』一九九七年、草思社）

つまり、太陽電池をつくるにはシリコンやアルミといった材料が要る。それが手に入りやすい僻地にまず原子炉を設置する。そしてそこでただひたすら太陽電池だけをつくる。これだと、さしあたり原発は要るけれども、送電線は不要である。これまでの原発は、送電線をつくらなければいけなくて、送電線のコストと電力の減衰率の関係からそんなに僻地に建てるわけにいかなかった。森永のアイデアだと、原発ではひたすら太陽電池をつくるエネルギーだけを供給すればいいわけである。製造された電池が溜まったら、今度は、その太陽電池の電力を使って太陽電池をつくる施設を立地の良いところにつくれば良い。

そうやって原発によって太陽電池がいっぱいつくれたら、それでかなりまかなえるかもしれない。原発が要らなくなったら、廃炉にしていこうという考え方である。そうすれば、セキュリティ面でのリスクも軽減される。もしこのアイデアが完全に実現化できたら、最終的には石油も不要になる。

ただし、原発は初期投資が大きく、これにはとりあえず石油エネルギーを投入しなければならないので、本当にペイするかどうかのコスト・ベネフィットの計算をきちんとする必要がある。

●余った電力を揚水式ダムに用いる

太陽電池の良いところは、たくさんつくったらそれを家庭や工場や会社などに配し、分散型の発電ができる点にある。もちろん、雨の日が続いたりすると自家の太陽電池だけでは足りないから、不足の電気を得る必要がある。けれども、もし電気が余ったらそのぶんを売ってしまえばいい。そのバランスをとるシステムが構築できれば電力の安定供給化につながる。

あと、――これは東京だと無理かもしれないが――田舎であれば、小さな揚水式のダムを村ごとにつくっておけば、余った電力をその揚水に使うことで実質的な蓄電ができる。電力に余裕があるときに余っている電力を用いて水を揚げておき、電力が足りなくなったら（電力需要量がピークの時期になったら）その水を落として水力発電をするという方法もとれる。

現在、揚水式ダムによる発電のエネルギー効率は約七〇パーセントである。つまり一〇〇の電気を使って出来る電気が七〇ということだから、三〇はロスなのだが、それでも、余った電気をただ捨ててしまうよりはずっとムダがない。電気そのものは溜めておけないから、揚げられた水という形で発電の源を七割でも蓄えておけばいいわけである。

もちろん太陽電池にも寿命がある。しかし、技術革新が進めばその寿命も効率も改善されたものが出来るだろうし、太陽エネルギーから太陽電池をつくるシステムを確立すれば、それは持続可能なエネルギーになり得る。それで電力の全部はまかないきれないかもしれないけれども、日本のエネルギー戦略としては、そういう科学技術に力と金を注ぐことを考えたほうがいい。少なくとも、京都議定書（後述）を守るために年間一兆円もの金を使うよりはずっと意味があるだろう。

●憲法でエネルギーは買えない

原子力発電はやはりリスクが大きい。森永晴彦のアイデアでも、初期的には原子炉をたくさんつくるけれども、それは全部、太陽光発電のためであって、最終的には原発が要らないようなかたちにエネルギーの供給法を変えていくという考え方である。安全保障という面からみても、太陽光発電のほうが絶対に安全性が高いのだから。

日本の環境省は、環境問題を考える場合には、まずグランドプランを考えて、それに沿って施策を検討したり試用したりするべきである。日本の食料自給率は四〇パーセント弱だということを前に述べたけれども、エネルギーに関してはもっと外国に依存していて、原発の原料のウランも含めればエネルギー資源の九六パーセントを外国から買っているわけだから、もしもエネルギー封鎖をされたらすぐに立ち行かなくなってしまう。日本の安全保障を考える上でも、日本国憲法を改正するかどうかなんて話は別に大した問題ではなくて、まず、エネルギー政策こそが最重要課題のはずである。

憲法ではメシも食えないし、燃料も買えないのだ。実際問題としてエネルギーをいかに確保するかを考えなければしょうがない。

日本人はそのあたりでヘンに倫理的なところがある。憲法論議は真面目にやるし、エコロジーについてもすぐに「心がけが大事だ」などと言う。しかし、心がけでうまくいくところと、いかないところがあるのであって、実際問題として、精神論では解決しないものは解決しない。腹が減っては戦はできないのである。

第二次世界大戦にしても、エネルギーの面から見れば、最初から負けるのは必定だった。そもそもエネルギーの補給路を断たれたから日本は戦争をするしかなかったという面もある。太平洋戦争というのは、日本がエネルギー封鎖されてしまったため、なんとしてもそれを打開しなければならないということで始めてしまった戦争なのだから、結局、エネルギー問題がきっかけだったのだ。それほど、自国のエネルギーをどうするかというのは、国家のセキュリティの観点からしても、大きな問題であろう。

太陽光発電でかなりの部分がまかなえるようになれば、石油や天然ガスを他国から買ってくる必要はなくなる。完全自給は無理だとしても、国内のエネルギー資源の自給率を、現在の四パーセントから、せめて五〇パーセントぐらいまでにあげておけば、いざとなったときにそのエネルギーだけでもなんとかならないことはない。「いまはとにかく半分のエネルギーでなんとか凌ごう」という話は成立するけれども、エネルギー封鎖されたなかでエネルギー資源の自給率が四パーセントでは、どう倹約したって生きてはいけない。

太陽光発電の技術が確立できれば、その技術を輸出することも可能になる。いま、バイオ燃料については、アメリカが主導権を握ろうとしているということは、先に述べた通りである。日本は、もともと太陽光発電の分野では技術の先進性をもっているのだが、アメリカやドイツも太陽光発電の研究開発に力を入れているから、もはやその方面でも日本はアメリカに先を越されてしまうかもしれない。

国家戦略として太陽光発電に力と金を注いだほうが、CO_2の排出をちょっとでも減らすなどということに大金を使っているよりもはるかにいいと思う。エネルギー戦略をどうするかということは、食物に連動してくる話でもあるのだから。

●食料自給率は上がるか

日本の食料自給率を上げるのは難しい。前にも述べたように、人口を減らさない限りは、自給率はなかなか上がらない。

食料自給率を上げなくても、日本の戦略としては、高く売れる食べ物を日本国内でつくったほうがいい場合だってある。付加価値のついたものを海外へ売るというほうが経済的には儲かる。

もちろん、究極の状況になったら、どこの国も日本に食物を売ってくれないということはあるかもしれない。そうなったら、ゴルフ場を全部イモ畑に転用するウルトラCの特別立法をするという方法もある。

けれども、当面の状況で言えばさしあたって金を出せば食物は売ってくれるだろう。やはりエネルギー問題のほうがすぐに大変な情況になりうる危険性を孕んでいる。

魚介類だけで言えば日本の自給率は五五パーセントである。日本人はもともと魚食民族なのだから、魚資源を増やすことについては先進的なノウハウを持っている。

魚に関連して言うと、ブラックバスが増えたことが問題になっている。ブラックバスも、美味い食べ方を見つけて、どんどん食べてしまえばいいのである。国内にあるもので食えるものを食えば、自給率は上がるのである。何でもそうなのだけれども、国内で食べられるものを食べずにただ捨てて、輸入した食べ物でも三割は捨てる、ということをやっているその一方で、食料自給率を上げようというのは、どこかチグハグな話である。

チグハグなことはまだ他にもある。たとえば、日本では年間に野良犬や廃犬を三十万頭も処分している（私のゼミの学生が調べたら、それは日本の人間の中絶件数とほぼ同じ数らしい）。あれにしても、ただ殺すだけではなくて、どうせのことならば食ってしまえばいいのではないかと思う。日本人が自分たちで食わないのなら、犬を食う食習慣のある国に加工して売れば良い。

●フード・マイレージと農業振興

最近、フード・マイレージ（食べ物の重さとその輸送距離を掛け合わせた数値）の表示という試みをやっている国がある。これも食物とエネルギーの関係を知る指標になっている。フード・マイレージを表示することで何を言わんとしているかといえば、要するに、なるべく近くの食べ物を食べなさいということであるわけだけれども、日本の東京に住んでいる人間からすればそれはあまり現実的ではないかもしれない。東京の食料自給率は一パーセントである。つまりすぐそばの食べ物なんて、ないのだ。それでも、地球の裏側のたとえばブラジルから運んでくるよりは、日本国内のものを食べたほうが、良いことは良い。

中国産の食物の危険性が喧伝されるようになったこともあって、日本の消費者も安全性を考え、値段が高くても日本産のものを買うようになっている。それもまた、悪くないことだ。

価格が高いということと、エネルギーがかかるということは、食物に関していえば、必ずしもパラレルとは限らない。日本はエネルギーと価格が比例する関係にはならない食品の開発で頑張るというのもひとつの目指す方向であろう。エネルギーをあまりかけないで高い価値のあるものを作ることができれば儲かるわけだから。

第一次産業の振興に関しては、日本のような狭い国土ではどの程度うまくいくかはわからない。自民党はある程度以上の大規模な農家を統合したいという方向の政策を出してきている。でも、それをやっても自給率が上がるわけではない。それよりもむしろ、日本産のものの付加価値をどう高めるかを考えたほうがいいのかもしれない。

民主党は、農業振興のために補助金を増やそうということを言っている。それをやってしまうと補助金漬けになってしまって、かつての自民党がやったことと根本的には変わらないことになってしまう。

●少子化対策に金をばらまくのは錯誤

民主党に関していうと、すぐに補助金を出すということを言い出すのがそもそもおかしい。これは人口の問題にもからんでくるけれども、民主党はいま、少子化対策として、子ども一人あたり月に二万六〇〇〇円の子ども手当てを出そうという法案を提示している。その法案がもしも通ったら、三人の子どもがいる家庭は、子どもが生まれてから中学校を卒業するまで毎年九四万円近くの金をもらえることになる。すなわち一五年で一四〇〇万円である。その政策を施行するのに必要な金は年間に五兆八〇〇〇億円だという。これは、国家公務員に対して年間に支払われている金額（五兆四〇〇〇億円）よりも多い。

そんな多額の金を、ただ子どもがいる家庭にばら撒いてどうなるのか。少子化対策だというのだけれども、あまりにも弊害が大きいし、それに、少子化対策にもならない。

もともと収入の多い家庭は、べつに、月に二万六〇〇〇円をもらえるからといって、それを理由に「子どもをつくろう」なんてことにはならない。だから、金持ちに対しては、単に、たまたま子どもがいるからお金あげますよ、ということ以上の意味をもたない。

逆に、貧乏人からしてみれば、「金がないから子どもを産もうか」ということになってしまう。そういう動機で何人も子どもをつくったらどうなるか。補助金は義務教育の中学校卒業を終わったときに打ち切られるのだから、補助金をあてにしてそれまで暮らしてきた家庭は、子どもが中学を卒業したとたんに困窮してしまう。仮に、子どもを年子で五人つくったとすると、その子どもが一人卒業するたびに世帯年収はどんどん減ってしまい、高校に行かせる金がなくなってしまう。実は子どもにいちばん金がかかるのは高校・大学なのだから、親が子どもを高校に行かせられないとなったら、子どもが自分で稼ぐしかなくなる。中卒でアルバイト等で働く子どもが稼げる金は知れているから、そうしたらその子たちはまた金（補助金）ほしさにすぐに子どもをつくろうとするかもしれない。

そういう循環になれば、たしかに狙い通りに子どもは増えるかもしれない。けれどもそれは貧民の数を増やすということだ。貴族階級と奴隷階級をつくってしまうことになる政策が日本の未来にとっていいのか。いいわけがない。政治は不安になるし、治安も悪くなるし、国の知識レベルは落ちてくる。畢竟、格差社会を拡大することになる。

そうなるぐらいなら、人口が六〇〇〇万でもいいから、安定した社会をつくったほうがいいはずである。若い層の雇用を促進したり、最低賃金を上げる法律をつくったほうがよほど良い。

少子化対策だというけれども、民主党は何を考えているのだろうかと思ってしまう。何も考えていないか、単にウケそうな政策だと思って言っているとしか思えない。

環境問題でも同じことが言えるが、ただウケそうな政策というのは、やっぱりダメである。政治家は、先のことをよく考え、実効性のあることに金を使わなければならない。

年金の財源のために人口を減らしたくないからと、そのために一年に六兆円もの金を注ぎ込むのなら、直接、年金に六兆円を使ってしまうほうが良いはずである。そうすれば払う年金が足りないという問題のかなりの部分は解決する。前述のバイオ燃料の話ではないけれども、石油を使ってつくったバイオマスを燃料にして、それを石油の代替品にするのなら、最初から石油を燃料にしたほうが効率が良いというのと同じことである。

四　環境問題は「人間の問題」である――人口問題のジレンマ

●「中国人とインド人の惑星」化

前節でも言ったように、日本の場合は、少子化対策などせずに、人口は減ったほうが問題は解決するわけだが、世界の人口ということでいえば、やっぱり、中国とインドをどうするかという話になる。

現在、世界の人口は六七億で、そのうち中国が一三億人で、インドが一〇億人ぐらいだから、あわせて二三億である。つまり、人類の三分の一以上が両国の人間で占められている。インドの人口はそのうち中国を抜くという予測もあるから、しばらくしたら、中国とインドだけで、世界の人口の半分ぐらいになってしまう可能性がある。いずれ地球は「中国人とインド人の惑星」になってしまうのかもしれない。

欧米人からすれば、彼らに地球を乗っ取られるのはイヤであろう。それに自国の国力が落ちるのもイヤだから、自国の人口だけは減らさずに他国の人口を減らしたいと考えているだろう。

日本の政府も、表向きは、少子化になったらシステム上のバランスが悪くなるということを言っている。だが本音としては、それよりももっと単純に、日本の人口を減らしたくはないのである。日本の人口が減って、中国との人口比が現在の一〇対一ぐらいから、もし二〇対一とか、あるいは三〇対一になったら、そのうち日本は中国に乗っ取られてしまうぞ、という、ある種のナショナリズム的な危機感がそこには働いている。だから、自国の人口を減らしたくはないのだ。

以前は、アフリカの人口爆発をどうするかということが問題だった。しかし、アフリカはエイズが流行ったので、平均寿命が短くなってしまって、人口はあまり増えていない。住民の半分近くがエイズウィルスのキャリアだという都市もあるわけで、すさまじい話だと思う。

中国でも、インドでも、エイズの人は増えてきているから、今後、情況が変わる可能性もなくはないが、当面は中国もインドも人口が増えることは確かだろう。

●世界の出生率を下げるには

出生率を下げるには、変な言い方かもしれないが、人間一人ひとりのパーソナルな価値を高めると良いのである。

日本の出生率がなぜ下がったかというと、パーソナルなことに関する技術が発達したということがとても大きい。テレビやパソコンや携帯電話といったツールによって、個人一人ひとりの世界がそれぞれ広がったのだ。

特に女の人の場合は、昔は、子どもを産んで母親になると、家庭に入って子どもを育てるということだけが自分の世界だった。子どもを産んでちゃんと育てれば褒められるし、子どもを産まなければ家を追い出されるような世の中だった。とにかく女の人は子どもを産むしかなかった。

いまは、子どもを産まないからといって、家から追い出されもしなければ、社会的に疎外されることもほとんどない。自分自身でパーソナル・ツールをたくさん持ち（たとえば自分専用のパソコンや携帯電話を使い）、社会の中で働いていたりすると、自分の世界はそれだけどんどんと広がっていく。

子どもを何人も産めば十数年は子育てで手がいっぱいになる。だから、自分自身でやりたいことがいっぱいあって、目の前に世界が広がっていて、他人との交流もあって趣味もあって、という人には、子育ては難しい。

いまの女性が、結婚して出産するにしても、一人か、せいぜい二人も産んで育てれば、もう自分の義務はじゅうぶんに果たしたと思うのは当たり前のことである。「もっと何人も子どもを産んで育てるなんて冗談じゃないよ」という話になるのは至極当然であって、だから少子化は止まらない。

中国の場合でも、いわゆる「ひとりっ子政策」をやっていたということも影響しているが、北京や上海の上流階級の人たちには、その政策に関係なく、子どもをあまり多くは産まない傾向が出てきている。それは、中国でも子どもを産んで育てるのには金がかかるという認識があるのと、若い父親・母親たち個人の世界が広がって、子どもにかかりきりになるのは嫌だという感覚が強くなってきたからだと考えられる。子どもに時間をとられるよりも、やっぱり自分の時間は自分のために使いたいという感覚が、中国の上級階層でも強くなってきたのだ。

世界の皆がそう思えば世界の出生率は下がる。ということは、なるべく金がかからなくてエネルギーがかからないようなパーソナルなツールの技術を、人口増加傾向のある途上国に援助したら、それは人口抑制になるのではないか。それにいちばんいいのは、やはり、携帯電話かもしれない。

一年ぐらい前に、永松真紀著『私の夫はマサイ戦士』（新潮社）という本を読んで、少し驚いたのだけれども、いま、マサイ族の人たちはみんな携帯電話を持っているのだそうだ。しかも、いまや携帯電話がなければやっていけない、というほど携帯電話に依存しているらしい。

マサイ族の村にはそもそも固定の電話はなかったのだが、携帯電話はあっという間に普及した。アフリカの平原では障害物があまりないから、携帯電話の電波は通じやすい。私が日本で山の中に虫捕りに行くとすぐに携帯電話が通じなくなるのとは大違いである。

世界にどんどんと「ケータイ」を流行らせたらどうか。日本で使って余った端末でもあげて、発展途上国に携帯電話を普及させれば、それは、ＯＤＡで金を使うよりもずっと先進国化促進になるのではないか。

携帯電話のみならず、パーソナルなツールによって、それを使う人たちの「個人の世界」が広がれば、出生率は下がる。子どもをつくったほうが生きやすい社会から、子どもをつくらなくても生きやすいと思う社会に変われば、その社会では子どもをつくる人は減る。日本はまさにそういう情況になっているのだし、先進国は概ねそうだから、先進国の出生率は下がったのである。

そんななかで民主党のように金をばらまいて子どもを増やそうとしても、それはろくなことにはならない。金をもらえるから子どもをつくるなどという考えの人たちが増えることが社会にとって良いわけがない。

個が確立された社会の中でも、子どもがいたほうが楽しいと考える人は多い。自分のライフプランにあわせて、一人か、せいぜい二人は子どもをつくろうかと思う人が多数派であろう。いまの世の中でいっぱい子どもをつくろうと思う人には特殊な動機があるのだと思う。

●少子化の何が問題なのか

日本では少子化が問題視されるけれども、いったい、少子化の何が問題なのだろうか。人口が減れば、それだけ一人あたりのエネルギーも食料も増えるから良いはずである。

少子化が進むと労働力不足になることが懸念されるなどというが、労働力が足りなかったら他国から入れればいいのだ。しかし、日本はそれもちゃんとやろうとはしない。

日本は基本的に外国からの労働者の流入を抑えようとしている。とくに、単純労働の労働者をあまり入れないようにしているところがある。だが、抑制しても、入ってくる人は入ってくる。

そうして日本にやって来た人たちは、日本語もろくにできないし、彼らが生活をしていく社会システムも整ってはいないから、結局、日本の最下層になっていく。あるいは、彼らだけの閉鎖的なコミュニティを日本国内に形成してしまう。それは、日本の社会にとっては決して好ましいことではないだろう。

ほんとうは労働力がどのくらい必要で、どのくらい足りないかということを考えて、労働力をきちんと流入するシステムを考え、彼らに対する日本語の教育システムもつくって、きちんと整備すれば、悪い情況にはならないはずだ。

それをやらずに、表向きは労働力流入をただ制限して、一方で現実には裏でどんどん入ってくるようなことが続くと、結局、そこには差別的な関係が生まれるし、労働市場がアングラ化する。そうやって「モグリ」を増やすのではなくて、きちんと整備して労働力を入れることが少子化社会ではむしろ有効だろう。

環境問題も、人口問題も、現状を維持するということだけを考えたら絶対にうまくいかない。世の中はどんどん変わっていくのだから、五〇年先、一〇〇年先にどうなるかということを見据えないと意味がない。

人は現状をもとに保守的に対策を考えてしまう。外来種排除論にしてもそうだけれども、現状を維持するのがいちばんいいことだというふうに思ってしまう。けれども、その、維持しようとしている現状も、一〇〇年前や二〇〇年前と比べれば全然違うのだ、ということには思いが至らない。

世の中は変わる。そのなかで、ベストの方法を考える必要がある。そのためには原理主義的にならないで、バランスを考えてやっていかなくてはならない。

●人口問題が解決すればすべての問題は解決する？

ともあれ、世界的にはまだ人口は増えていくのだろう。だから、資源の問題、すなわちエネルギーの問題と食物の問題を、どうにかしてうまく解決していかないと、悲惨な未来が待ち受けていることになる。

人口問題というのは、一人あたりのエネルギーと食物のバランスの問題だから、エネルギーと食物の供給の総量が増えても、一人当たりの分が増えなければそれはどうしようもないことになる。エネルギー供給が不十分になったり、食物の一人当たりへの供給量が下がれば、そこでクラッシュ（破滅）が起こって、かなりの人が死ぬことになる。それはやはり良いことではない。

極端なことをいえば、世界の人口がもし一〇億人になれば、エネルギーの問題はたいしたことではなくなる。石炭と天然ガスはかなりもちそうだし、石油についてはあと四〇年ぐらいで枯渇するという見方もあるが、まだ掘られていない新しい油田やオイルサンドに入っている石油もあるらしいから、その取り出し方がわかれば、さらにもっと産出されるかもしれない。

「環境」だけを考えるのなら、クラッシュによって解決するであろう世界的問題は確かにある。人がたくさん死ねば、結果的にそれで解決してしまう部分はエネルギー問題にも食料の問題にもある。けれども、出生率の低下によって人口が徐々に減少するのと、生身の人が大クラッシュを起こして死ぬのとでは、話が違う。長期的に人口を調整する方策を国連でも考えていかないことには世界の未来は明るくない。

五　地球温暖化の何が問題か

●京都議定書を守っても二酸化炭素の量は減少しない

一九九七年一二月に国立京都国際会館で開かれた気候変動枠組条約締約国会議で議決された京都議定書（正式名称は「気候変動に関する国際連合枠組条約の京都議定書」）が、二〇〇四年のロシアの批准を機に、二〇〇五年に発効になった。いわゆる温室効果ガスの排出量について法的拘束力のある数値目標を先進各国ごとに設定したのが京都議定書であるが、日本の場合は、一九九〇年実績に比べて二〇〇八〜二〇一二年の二酸化炭素（CO_2）等の温室効果ガスの排出量を六パーセント削減しなければならないことになった。カナダも六パーセント、EUは八パーセント、排出量を削減するということになった。削減目標を全体でならすと、六パーセント弱ということになる。なお、アメリカは当初は批准するような構えを見せていたが、結局、七パーセント削減という条件を受け入れず、議定書から離脱をしている。二〇〇七年になり、カナダも無理ということで履行を断念した。

日本の場合は、京都議定書をつくったときに、かなりのレベルで環境優等生だった。日本は、エネルギー利用の効率が良い車をつくり、排ガス量を抑える装置をつくり、性能の良い脱硫装置をつくりと、「環境にやさしい」ことにすでに取り組んでいた。日本は、だから、炭酸ガスの排出量をこれ以上減らすためには大変な努力をしなければムリのような状態だったにもかかわらず、今後六パーセントも減らすという条件を飲んでしまった。そういう意味では、日本は駆け引きがうまくなかった。

もし、そもそも日本が排ガス規制が甘い国で、排ガスを大量に撒き散らすような車に乗っていたり、エネルギー効率の悪い機械を使っているというのなら、それを効率の良い機器に替えれば六パーセント削減を達成するのは容易だっただろう。しかし実際には、すでにエネルギー利用の効率化を進めてきた日本にとって、これ以上の効率化はたやすいことではない。

いま日本は、自国では排出量をなかなか減らせないため、二〇一二年の目標達成が不可能なことになっている。そのため、ロシアなどからCO_2の排出権を買おうとしている。二兆円ぐらい出して買えば何とか釣り合いが取れそうだ、というような計算をしている。実にムダなことにムダな金を使おうとしているものである。ロシアが遅れて議定書を批准したのは、日本に排出権を売れるからだという意図があったとも言われている。

日本はもともと環境に貢献していたのだから、そのことをもっとアピールすべきだったのに、議長国だったこともあって、良い顔をしようとしたのか、自国に不利な条件を飲んでしまった。その数値目標が達成可能かどうかのシミュレーションも裏付けもなく、ただ六パーセントという数字に同意をしてしまった。

そもそも、京都議定書にもとづいて炭酸ガスの排出量を抑えたからといって、世界の環境は良くなるのか。京都議定書を守ったところで、全体でせいぜい二パーセント程度しか炭酸ガスの排出量は減らない。いわばほとんど焼け石に水にもかかわらず、日本は京都議定書を守るために年間一兆円もの金を注ぎ込んでいるのである。

一般の人は、日本が一所懸命に京都議定書を守ろうとして頑張って地球環境に貢献しようとしているのに、アメリカや中国がムチャクチャなことをやっている、というふうに思っているだろうけれども、かならずしもそうではない。もちろん、中国もアメリカもある意味でメチャクチャにはちがいないのだが、彼らは彼らなりの国益を考えながら政治的に動いている。それに対して日本は、そういうレベルでの国益を、環境省をはじめ政府が考えたかといえば、まったく考えていないとしか思えないのである。

●地球はこれまで何度も温暖化と寒冷化を繰り返してきた

地球温暖化についての科学的な研究の収集と整理を行なう政府間機構であるＩＰＣＣ（Intergovernmental Panel on Climate Change＝「気候変動に関する政府間パネル」）は、その第四次報告で、地球温暖化の要因のうち、太陽の影響はたった七パーセントで、九三パーセントは人為的なものだとしている。そのうちの五三パーセントがCO_2の影響で、CO_2の影響以外のものはブタンやメタンが要因だという。この、温暖化の要因の九割以上が人為的なものだというＩＰＣＣの報告は、果たして正しいのだろうか。

有史以前から地球は温暖化と寒冷化を繰り返してきた。そのなかで、たとえば恐竜が生息していた中生代白亜紀（約一億四五〇〇万〜六五〇〇万年前）の地球は、いまよりずっと温暖で、極地でも氷床が発達しないほどだった。それほど温度が高かったのは、おそらく当時の炭酸ガスの濃度が高かったためで、火山活動が盛んだったからではないかと考えられている。

地球温暖化によって色んな生物種が絶滅するということが言われているけれども、地球の歴史を見れば、温暖化しているときには大型生物の大量絶滅は起きていない。大量絶滅が起こるときというのは、いずれも、地球が寒冷化したときである。だから、ほんとうは、地球は寒冷化するぐらいなら温暖化したほうがいいはずである。

ともあれ、地球の気温は大きな変動を繰り返してきている。そして、それらの過去の気候変動は人為的な要因によるものではないのは明らかである。人間がいない時期でも大きな気候変動は起きているのだから当たり前である。

すなわち、人間が何をしようがするまいが、放っておいても地球の気温や気候というのは変動する。そして、気候の変動の要因が何かというのは、実はあまりよくわかっていないのである。どこまでが人為的な要因かなんてことは簡単には特定できないのだ。

人為的ではない要因については、一九八七年にアメリカのライドという研究者が太陽の黒点数と北半球の平均気温が相関するという論文を発表している。以来、太陽の活動が地球の温度変動の主因ではないかと考える科学者もたくさんいるが、そのことは新聞やテレビではなぜかあまり報じられない。

太陽活動に関していえば、黒点の数だけでなく、太陽の磁気の活動とその年の気温に相関関係が見られるというデータもある。伊藤公紀によれば、太陽から磁気が飛んでくると、方位磁石が振れる。その大きさを用いた太陽磁気活動指標（aaインデックス）と北欧やロシア西部などの気温とは、はっきりと対応しているという（前出の『現代思想』二〇〇七年一〇月号）。たとえば、一月に太陽の磁気が強いと三月の気温が上がっているというような、はっきりとした相関関係が見られるのである。

炭酸ガスも、地球温暖化の要因になることは確かなのだろう。けれども、地球温暖化に関してはさらにもっと別の要因があるに違いないのである。東京工業大学の丸山茂徳によれば、気温を決める最大の要因は雲で、雲が一パーセント増えれば気温は一℃下がるという。その雲の量を決めているのは宇宙線の飛来量で、それに干渉しているのが太陽の活動と地球の磁場だという。この二つは現在、共に弱くなっていると丸山は言う。したがって地球はこれから寒冷化に向かうと丸山は主張している。そういう主張はなぜかマスコミにはまったく報道されない。

◉気温が何℃上がるというのか

IPCCの予測について、日本ではいつも最悪の数字ばかりが報道される。IPCCの予測では今世紀中の気温上昇は一・一〜六・四℃の幅があるが、マスメディアは、温度が六・四℃上がるという数字のほうばかりを取り上げて報じるのだ。

IPCCの予測が正しいのかどうかわからないが、仮にその通りだとすると、今世紀中に、地球の温度は一・一℃しか上がらないかもしれないし、六・四℃上がるかもしれない。ただそれだけのことである。

おそらくいちばんあり得るものとしては、今世紀中に二・八℃の温度上昇があるだろうという予測がなされている。たとえば、東京と札幌の平均気温の差は七℃ほどもある。そう考えれば、二・八℃の上昇というのはさほど大きな変動ではない。

青森県に三内丸山遺跡という縄文時代の遺跡がある。約五五〇〇～四〇〇〇年前のものなのだが、これはヒプシサーマル期の最終期にあたる。ヒプシサーマル期は太陽活動が活発で、年平均気温は現在より二～四℃高かったと推定されている。ヒプシサーマル期の最終期から始まったこの遺跡のあった場所ではクリの木が栽培されていた。現在、クリの木の発育に適しているのは東京近郊の低山地辺りの気候である。当時の青森が現在より二～四℃暖かかったのは確かであろう。その気温はヒプシサーマル期の終焉とともに下がり始め、三内丸山ではクリの収穫が減り、食べ物の確保が困難になって崩壊したと考えられる（やはり温暖化よりも寒冷化のほうがよほど問題ではないか）。この後、気温は約二〇〇〇年前にはミニマムになった。それから再度上昇に転じ、一〇〇〇年前には中世温暖期を迎えたのである。

現在の気温が一〇〇年前に比べれば少し暖かいのは確かだろう。しかし、一〇〇〇年前あるいは五〇〇〇年前に比べて現在が特に暖かい時期だというわけではない。

●温暖化によってどんなダメージがあるのか

地球温暖化によって我々がどれだけのダメージを被るのかということも、実はよくわかっていない。

温暖化によってハリケーンや台風の数が増えていると言う人がいる。しかし、実際にはハリケーンの数は、昔も今もほとんど増えも減りもしていない。昔は観測技術がいまほど優れていなかったからハリケーンの観測数も少なかったのであり、珊瑚礁に残る痕跡の調査からは、かつてと現在ではハリケーン発生数に大きな差はないということがわかってきている。

そもそもＩＰＣＣのデータにも、大西洋暴風雨の平均風速は一九四五年から一九九五年の五〇年の間にむしろ減少していることがはっきりと表れている。

気温が一℃上昇しただけでマラリア感染症の危険が増すということを言う人もいる。しかしそれもウソである。たとえば日本でも江戸時代までは本州の北のほう（山形など）でさえマラリア感染症の例は多かった。現在は当時より温暖化しているはずだが、いま日本ではマラリア感染者は見られない。マラリア感染の危険があるかないかというのは衛生的なインフラ整備がされているかどうかの問題であり、気温との直接的な関係はないのだから当然である。気温がかなり高くなればたしかにマラリアを媒介する蚊は増えるかもしれない。けれども、蚊が増えてもマラリア感染症が増えるわけではない。媒介する蚊が増えてもマラリアの原虫がいなければ大丈夫だし、衛生的な要因のほうが大きいのだから、一℃上がっただけで感染症の危険が増すというのはおかしな話である。逆に言えば、ヨーロッパでは一七世紀の小氷期でさえマラリアはなくならなかったのである。

ほかにも、温暖化すると伝染病も拡大するとか、水不足になるとか、逆に洪水が増えるとか、色んな危機を煽る人がいる。しかし根拠が薄弱な言説があまりに多い。近年騒がれている新しい伝染病（エイズ、鳥インフルエンザ、SARS）はいずれも温暖化とは関係がない。気温が三℃高くなろうが、それによって直接的に人間の生命が危機に見舞われるわけではない。とすれば、問題は気温上昇そのものにはない。そうではなくて、気温上昇によって引き起こされる海面上昇が問題だというのだが、ほんとうだろうか。

地球温暖化によって海面が上昇する、という話はいまや子どもでも知っている。アメリカ合衆国元副大統領のアル・ゴアの著書『不都合な真実』（ランダムハウス講談社）には、まるで映画の『日本沈没』のごとき危機が今にも世界中に訪れるのかと思わせられるような、多くの陸地が水没した状態を示すコンピュータ・グラフィクスの画像が扇情的な説明文とともに掲載されている。しかし、はたして地球はこれから何℃ほど温暖化し、それによって海面はどれぐらい上昇するというのだろうか。

●海面三五センチの上昇の何が問題なのか

今世紀中に二・八℃の温度上昇があるだろうというのがＩＰＣＣの予測の妥当な線であることについてはすでに述べた。ＩＰＣＣの予測によれば、その温度上昇による海面上昇も、これから一〇〇年間で三五センチというのが妥当なところである。そもそもＩＰＣＣの予測では海面上昇は最小で一八センチ、最大でも五九センチでしかない。

地球温暖化の影響によって今後、海面が三五センチ上昇するというけれども、もともと日本では冬と夏とで、海水面の高さの差は四〇センチもあるのだ。それはつまり、寒い冬になると水温が下がるので海水の体積は小さくなり、夏になると水温が上がるので海水は膨張するからである。

あるいはそもそも、一般に、満潮時と干潮時では水位の差は二メートルほどにもなる。それに比べれば、これから一〇〇年の間に海面が三五センチ上昇するということは、どれほど大きな問題なのか。

東京の下町には地下水の汲み上げが原因で一〇〇年の間に四メートルも地盤沈下した所があるが、相対的にはそのほうがよほど大きな問題であろう。大阪でも地盤沈下のために一〇〇年間に二・六メートル海水面が上がり、ロンドンでも相対的にテムズ川の水位が上がったという。

たとえばそういうことに比べて、海面が三五センチ上がるというのが、どれだけの脅威だというのだろうか。

●京都議定書を守っても日本が温度上昇抑制に貢献できるのは〇・〇〇四℃

とにかくこのままでは一〇〇年後に気温が二・八℃上昇し、海面が三五センチ上がるのだという。それを引き起こすのが炭酸ガス（CO_2）だという理由から、温暖化予防のために京都議定書を守ろうとして日本は年間一兆円もの金を注ぎ込んでいるのである。

仮に、ＩＰＣＣの予測が完全に正しいとしよう。ＩＰＣＣは、地球温暖化の九三パーセントが人為的な要因であるとして、そのうちの五三パーセントが炭酸ガスのせいだとしている。ということは、炭酸ガスが温暖化に与えている影響は、九三パーセント×五三パーセントだから、四九・三パーセントだという計算になる。つまり、温暖化への炭酸ガスによる影響は五〇パーセント弱ということになる。

世界では毎年、二六五億トンほどの炭酸ガスが出ている。たとえば今年、約二六五億トンの炭酸ガスが出ていて、来年になればまた約二六五億トンの炭酸ガスが出る。よく勘違いされるのだけれども、京都議定書を守れば空気中の炭酸ガスが減ると思っている人がいる。それはもちろん間違いである。炭酸ガスは毎年二六五億トンずつ排出されていくわけで、京都議定書を守ろうが守るまいが、炭酸ガスの総量は増え続ける。石油、石炭、天然ガス等の使用をストップしない限りは、炭酸ガスの総量は減らないし、もちろん、現状維持さえもできない。そんなこともわかっていない人が、なんとなくムードに乗じて「炭酸ガスを減らしましょう」などと言っている。

京都議定書を守るために環境省の役人は、自分たちの名刺にも「チーム・マイナス六パーセント」という謳い文句を刷り入れて、「六パーセント削減」を目標にやっているけれども、そういうのを見て、日本が京都議定書を守れば世界の炭酸ガスが六パーセント減るというような勘違いをしている人がいる。それは、全然、違うのである。

二六五億トンの炭酸ガスを毎年出すと、一〇〇年で二兆六五〇〇億トンの炭酸ガスが排出されることになる。単純にいえば、その排出量のうちの何パーセントを減らせるか、というだけのことなのである。

京都議定書の対象になっている国すなわち先進国が出すCO_2は二六五億トンのうちの約六割、そのうち京都議定書を批准する国が出しているCO_2は、さらにその六割ほどである。つまり、六〇パーセント×六〇パーセントで、三六パーセントである。あとの四割の先進国、アメリカやオーストラリアなどは、京都議定書を批准していない（オーストラリアは二〇〇七年秋に政権が代わったら、二〇〇七年一二月に批准したが）。最大の排出国アメリカは、全体の二二パーセントぶんを排出している。日本のCO_2排出量は世界のCO_2排出量の五パーセントに過ぎない。

世界のCO_2排出量の三六パーセントを出している国々が京都議定書にのっとって排出量を約六パーセント減らしましょうと言っているわけだから、三六パーセント×六パーセントで、それは世界のCO_2排出量全体の約二パーセントを削減しようとしていることなのである。だから、京都議定書をもし批准国全部が一〇〇年間ちゃんと守っても、一〇〇年で二兆六五〇〇億トンの排出量のうちの約二パーセントが減るだけなのである。ＩＰＣＣの言うように、もしCO_2が温暖化の原因の五割を占めているのだとしたら、京都議定書を守ってCO_2排出量を目標通りに削減することによって温暖化を防げるのは全体の約一パーセントでしかない。

もし、ＩＰＣＣの予測の通りに、一〇〇年で海面が三五センチ上昇するとしたら、京都議定書を守ればそれを一パーセント程度は抑えることができる計算になるわけだ。つまり、三五センチ上昇するところを三四・六五センチほどに抑えられるという、ただそれだけのことなのである。

前述のように、日本のCO_2排出量は世界のCO_2排出量の五パーセントだから、日本は京都議定書を守って自国のCO_2排出量を六パーセント減らすことによって、世界のCO_2排出量の〇・三パーセントを減らすことができる。温暖化に及ぼすCO_2の原因が五割であれば、日本の温暖化抑制の貢献度は〇・三パーセントの半分の〇・一五パーセントだ。今世紀末までに気温が二・八℃上がるというIPCCの予測が正しければ、日本はそのうちの〇・一五パーセントすなわち〇・〇〇四℃を下げるのに貢献するだけなのである。そのために日本は一年間に一兆円も使っている。もしそれを一〇〇年やるなら一〇〇兆円もの金を使うことになる。

●一〇〇年後の温度がどうなるかを計算しても意味がない

以上の概算は、IPCCの予測が正しいという前提の話だけれども、そもそもそのIPCCの予測も正しいかどうかはわからない。そうなると、ますます日本は何のために京都議定書を守ろうとしているのかもわからない。

そんなことのために一兆円もの金を使うのではなくて、前節までに述べたように、原子炉から太陽電池をつくるとか、そのようなことの研究開発に金を使ったほうがよほど有意義だろう。金の使い方を完全に間違っていると言うしかない。

養老孟司は、とにかくいまわかっている埋蔵量の石油を全部使ってしまった場合をシミュレーションせよということを言っている。石油を全部燃やしたらCO_2がどれくらい増えるのかを計算すればいいではないかというのだ。それもその通りで、単純に言うと、石油、石炭、天然ガスを全部燃やしてしまえば、人為的な原因ではCO_2はもうそれ以上は増えないのだから、そこで最悪の数値がわかることになるだろう。現在、大気中の全CO_2量は約二兆八〇〇〇億トン、毎年二六五億トンずつ増えるとすると一〇〇年たてば倍になるが、無限に増えるわけではない。

実際問題として、石油があと四〇年後ぐらいでなくなるのなら、一〇〇年後の温度なんか計算したってしょうがないのである。そういう、実際には無意味な計算によって一〇〇年後の予測を出して、それでただいたずらにみんなの危機感を煽っている。そして国民の危機感に乗じて環境税を導入するなどと言っているのは、恐喝か詐欺のような話だ。

結局、これも、注ぎ込む金に対して、得られるメリットがどのくらいあるか、ということを計算しなければダメなのである。それを計算しないで、CO_2削減はただただ善だという「メリット」を謳ったところで、何にもならない。

環境省は、もともと弱小の省庁で予算があまりないから、何か大きな予算がつく大義名分がほしいのだろう。地球温暖化の問題は格好の大義となったのかもしれない。けれども、どうせ使うのならば税金は有効に使ってもらいたいものである。

実際、日本は、京都議定書を批准した後、「チーム・マイナス六パーセント」の謳い文句とは裏腹に、炭酸ガスの排出はむしろ増えている。二〇〇七年一一月の報道では六・四パーセント増加しているという。一兆円も使いながら、やろうとしてもできないことをやろうとしているのだ。

税金ということでいえば、環境税も、それを使ってしまえば原理的には環境には良くないことになる。環境税という金を使うということは、そのぶん、人が動き、モノが動くということだから、エネルギーが動く。いま、エネルギーといえばそれはほとんど石油なのだから、結局そのぶんのCO_2は増えることになる。

環境税を有効に使うには、環境税を全部金の延べ棒に換えて、倉庫にでもしまっておくのが環境にはいちばんいい。そうすれば、余計な人の動きも無く、エネルギーも使わないのだから。いざとなったときにその金を使えば良い。

●景気を悪くしないかぎり、CO_2の排出は減らせない

渡辺正が、私も共著者のひとりである『暴走する「地球温暖化」論』（文藝春秋）の「は

じめに」の中で、日本のＧＤＰ（国内総生産＝総支出）とCO_2排出量の推移を示すグラフを載せているのだけれども、それを見ると、一九七〇年代の日本はＧＤＰとCO_2の排出量は連動していなかった。ＧＤＰが増加してもCO_2の排出量はあまり増えなかった。それが一九八六年頃から連動している。ＧＤＰが増加してもＣＯ２排出量が増えなかったのは、省エネが進んだからである。ＧＤＰの増加率とCO_2排出量の増加率はぴったり重なり合うのである。これは、一九八六年頃に日本の効率化がほとんどピークに達したということを示している。効率化が完了して以来、ＧＤＰを増やそうとするとCO_2排出量は必ず増えるようになっている。だから、現状の条件では、日本がCO_2の排出を減らすためには、ＧＤＰを下げるしかない。つまり、経済発展をやめて、景気を悪くしない限り、CO_2は減らせないということなのだ。

景気をある程度よくしながら、環境問題を解決するというのは、至難のわざである。景気をよくしようと思ったら、ものを流通させなければならない。そうすればどうしたってエネルギーを使うことになる。

前述のように、日本は省エネが進んでいたが、旧共産圏の諸国は、もともとエネルギー効率の悪い機械をつかっていたから、機械の効率をよくすることでCO_2を減らせたのだ。それは、ＧＤＰを上げながらでもCO_2を減らせる余地があったということである。ＥＵは東欧諸国を取り込んだことで、会議時の二〇〇〇年には削減目標の八パーセントをすでに達成済みだった。ロシアは一九九一年のソ連崩壊により、しばらく経済が低迷していた事情もあって、京都議定書の基準年となる一九九〇年に比べ、会議時の二〇〇〇年には、すでに三八パーセントも削減していた。逆に言うと、これから三八パーセント、CO_2を排出しても良いということになったのだ。

そういう国がある一方で、日本は減らすことが不可能なCO_2を減らすということを約束したのが、京都議定書であったのだ。そして、その京都議定書を守るために日本は他国から排出権を買わなければならない状況になっている。いまのままだと二兆円もの金で排出権を買わなければならないらしい。これは電気代などの上昇をもたらし、物価は確実に上がるだろう。庶民の生活はどんどん苦しくなる。これは、いわば、国を売っているような行為ではないのか。

武田邦彦は、日本の製品を買えばエネルギー効率がいいのだから、それを他国に売ることは排出権の代わりになる、という主張をしている。日本は効率のいい機械を売れば売っただけそのぶん自国ではCO_2を排出してもいいということにしてもらわなければ不平等だろうということを言っているわけである。排出権の売買が成立するのならばそれも当然の主張であろう。

アメリカは、守ることに意味がないと考えたのか、守れないと思ったのか、京都議定書からは降りてしまった。二〇〇七年になり、カナダも降りてしまった。そんななかで、日本はババを引いているのである。にもかかわらず、良いことをやっていると本気で思っているのなら、それはよほどのマゾか、ただのバカであろう。日本もカナダのようにさっさと降りるべきだ。

いまや排出権の売買はビジネスになっている。ビジネスであることが悪いわけではない。ただ、なかでもEUとアメリカの一部の企業がそのいちばんのトレーダーになっている。アメリカは、自国の企業がビジネスとして排出権売買に関わっているけれども、京都議定書は批准していないのだから、考えてみればこれもひどい話ではある。

たとえばイラク問題への対処の仕方ひとつとってもわかるように、日本は、世界の顔色を見て、ただ「良い子」になろうとしているだけなのだ。それなのに、勘違いして「日本はこんなに環境に良いことを推進している。世界も見習え」というようなことを誇らしげに言う人がいるけれども、世界の国々はそんなものはメリットがない限り見習わないのである。結局、日本がいちばん割を食っているのだ。

●問題の予防よりも、問題が生じた後の対策を

日本にはエネルギー政策も、京都議定書に関する政策も、食料に関する政策も、グランドプランがまったくない。環境省はなぜそれを考えないのだろうか。それを考えるのが役人の仕事であって、私がそんなことを考える義理はまったくないはずである。

環境問題にしても「ほんとうの問題」を知らされていないという意味で、日本国民は不幸だと思う。京都議定書を守ることが正義だと思って、勘違いしている人がとても多いのだから。

地球温暖化による危機的状況は起こるかもしれないし、起こらないかもしれないけれども、いずれにしても「環境問題」はたしかに生じる。今後、環境をめぐる問題はかならず大きくなる。地球温暖化を防ぐためのCO_2排出量削減を一所懸命にやっても、これまで述べてきたように、ほんのわずかしか影響はないのだから、予防よりも、これから起こるであろう問題に対しての方策やプランを考えていったほうが良いはずなのに、それをしていないのが日本なのである。

地球が温暖化すれば困るからといって、その予防のためにと、CO_2排出量削減に多額の金を注ぎ込んでいる。そんなことをしてもたいした予防もできないのは客観的に明らかであるにもかかわらず。

もしほんとうに温暖化すると様々な問題が生じるのなら、問題が生じた後の対策をどうするのか、ということについて策を講じるべきだ。それをしないで、ただただ危機を煽っているだけで何になるのか。

いずれ年寄りになることはわかっている中年の人が、年寄りになりたくないからといって、さほど効果の無い美容やアンチエイジングにばかり、ありったけの全財産を注ぎ込むなんてことはしないだろう。どのみち老人にはなるのだとしたら、老人になったときに必要な金を残しておいたほうが良いと考えるものである。普通の人は、病気になったときのための対策として保険をかけたりするとか、何らかのデポジットをもつものであろう。老化を少しでも遅らせることや病気の予防だけに全財産を注ぎ込む人はまずいないであろう。

環境問題も同様のはずなのだけれども、環境省も日本政府も、近い将来起こるであろう問題——食料の問題にせよエネルギーの問題にせよ——の対策よりも、地球温暖化による問題の発生をほんのわずか遅らせられるかもしれないという瑣末な予防策ばかりに腐心して、金を注ぎ込んでいるのである。やっぱりアホだと言うしかない。

III

「環境問題」という問題

池田清彦×養老孟司

一　政治的な「地球温暖化」論

●そもそも「地球温暖化」はほんとうなのか

池田　地球温暖化というのはいまや自明のことのように言われているけれども、ほんとうのところはどうなのか、よくわからない。科学的に話を煮詰めて、裏づけとなるデータがないと、ほんとうは何がどうなのかわからないはずでしょう。薬師院仁志（帝塚山学院大学教授。専攻は社会学）は、かなり前から、地球温暖化論に疑問を呈している。彼が『地球温暖化論への挑戦』（八千代出版）という本を出したときに、僕は読売新聞の読書委員をやっていて、真っ先にその本を書評で取り上げたんですけれども、彼はまず、地球温暖化そのものを疑っている。将来の気候というのは予測可能なのか。地球温暖化論の根拠となっている数理シミュレーションモデルによる予想は実証性があるものなのか。そういった、人為的温暖化論に対する疑問を、社会学者の彼がいくら挙げても、専門家の科学者たちは黙殺している。

そもそも、ＩＰＣＣ（Intergovernmental Panel on Climate Change＝「気候変動に関する政府間パネル」）というのは、学者の自由な集まりではない。政府から派遣された学者たちだから、そこにはすでに政治的バイアスがかかっている。いまは地球温暖化を前提にして学者を派遣しているから、地球温暖化論以外の意見というのはまず出ようがない。地球温暖化が前提になってしまっている。

養老さんは、本書のⅠで、「一兆円を使うならば、まず大きなコンピュータを使って本気でシミュレーションをやり、データを取るのが先」と言っているけれども、それで、〝日本で徹底的にやった分析では、こうなりました〟ということをまず提示してみせたらいいんだよね。

養老　金をかけるのなら、そういう将来の計算にかけるべき。少なくとも未来予測については日本がリードするぐらいのことはできるはずですよ。

なぜ予測が論理的に大事かというと、科学的予想をもとにした政治が環境問題だから。炭酸ガス問題はそれがグローバルに表れた話です。科学が政策に直接、関わってくる。かつては、原爆をつくるとか、非常に特殊な分野でのみ科学と政治が結びついていたのが、現在はもはや個人の生活に直接的に関わってくる状況になっている。そうすると、いわゆる科学的な考え方が、ほんとうはもっと世間のなかに入ってこなきゃいけないと思うんですけどね。

池田　予測をちゃんとする集団をつくれば、その予測がうまくいったかどうかの検証もできるけれども、そういう検証は全然していないよね。

養老　信用に足らないデータにもとづいてその対策に金を使うぐらいなら、氷が溶けて困るというところに対して具体的な援助をすればいいんです。そのほうがよほど安くつく。

池田　ほんとうにそうだよね。信用していいかどうか甚だ疑わしいデータをもとにして、どのくらい費用対効果が出るかわからないことに一兆円も金を注ぎ込まないで、具体的に不具合が生じるところに具体的な対策を施すほうがいいに決まっているよ。それが地球温暖化のせいであれ、そうでないのであれ。たとえば、海面上昇によってツバルがほんとうに沈んでしまう危機にあるというのならば、沈まないためのインフラ整備に援助をするほうが現実的だし、ずっと安くつくよ。

●日本の負担は「六〇分の一」でいい

養老　ただ、援助をする場合でも、それは日本だけの責任ではないのだから、まず、「六〇分の一は出しましょう」というのが基本のはずでしょう。

僕は、世界における日本のコントリビューション（負担部分）というのは、基本的に、何でも「六〇分の一」でいい、と思っているんです。だって、それがいちばん公平な線だから。世界に六〇億人いるうちの一億人ほどが日本人ということを考えれば、それより出張る必要もなければ、凹む必要もない。もし六〇分の一以上の負担をしろというのなら、そこから先は交渉になる。そのくらいしぶとくないと、世界を相手にしてはやっていけないと思う。

池田　そうだね。「私のところは世界人口のうちのそれしかいないのだから、その割合でやります」と言えばいい。

養老　「やれというなら、その分担でやります。以上終わり」だよ。

あと、日本が国際貢献の負担が小さくていい論拠になりうると思うのは、日本は地震や台風などの自然災害が多い国だということ。自分のところの災害対策だけでかなり大変なのだから、そのための備蓄をしなくてはならない。「われわれは、こんな大変な土地で、死ぬまで頑張るしかないんですよ」と言い続ける。それで、どこかの国で地震などの自然災害で大きな被害が出たら、そのときには真っ先に義捐金を送る。それはいずれは返ってくるものだから。

池田　そうだよな。日本は台風もすごいからな。こんな風が無いか極端に強く吹く国で、風力発電なんか、できないよな。エネルギーという点では、日本は、しょうがない国。大変だ、大変だ、とアピールしたほうがいいね。

それなのに、どうして〝いい顔〟をしようとするんだろうな。

養老　日本は「大国」だと思っているからでしょう。

池田　〝いい顔〟をしようとした日本がEUに騙されて自国に不利な条件を飲んでしまったのが京都議定書だった。その京都議定書を決めた気候変動枠組条約の第三回締約国会議（COP3　温暖化防止京都会議）から一〇年がたって、二〇〇七年末には気候変動枠組条約の第一三回締約国会議（COP13）がバリで開かれた。

温室効果ガスの排出量削減目標について、草案の段階では、二〇五〇年までに二〇〇〇年比で半減させるとか、先進国は二〇二〇年までに一九九〇年比で二五〜四〇パーセント削減するとか、そういう話が盛り込まれていたのだけれども、そんな目標設定に関して欧州連合（EU）が積極的だったのに対して、アメリカや日本は反対で、中国とかインドをはじめとする途上国側も目標の明記には難色を示して、結局は意見がまとまらなかった。

EUは排出権取引で儲けたいという思惑があって数値目標を決めたかったわけなんだよね。排出権取引はいまやEUにおけるビッグ・ビジネスだ。しかし、そのためには、温室効果ガスの削減枠をまず決めなければならない。単純に言えば、それはEUの金儲けのため。日本も、京都議定書で損をしたという認識がようやくできてきたから、アメリカに同調して、今度は、温室効果ガスの削減目標の数値設定に反対をしていた。

養老　アメリカに同調してもいい。ただ、それでも、「日本は別です」と言えばいい。「総論賛成、各論反対」というのは、国内の議論では日本人が得意なやり方のはずなんだけどな。

池田　そういう意味では、日本は、何に関しても、おぼこすぎる。中国もアメリカもかなりしたたかなのに、日本は実におぼこい。それで割を食ってしまう。学級会をやっているのではないのだから、「僕は倫理的にやりますから、あなたもやってください」と言っても、世界を相手にそれでは通用しない。

養老　マスメディアがいけないんです。どんどん反対意見を言っていいのだから。それに、むしろそのほうが政府も対外的にはやりやすいはずなんです。「国内意見はこうですから、うまく説得できないんですよ」と言って、抗弁すればいい。平和憲法と同様です。「日本は憲法で軍隊は持てないことになっているから、イラクへは行けません」と言えばそれでいい。

池田　「こういう憲法上の制限があるにもかかわらずなんとか無理をしてここまで金や自衛隊を出しているんだからその努力を買ってほしい」とかなんとか言えばいいわけですよね。憲法を変えないのなら、むしろそれをうまく利用すればいい。実際にどこかの国が攻めてきたときには戦うしかないのだから。そのときは、憲法を変えようと変えまいと関係ない。

養老　もしテポドンを落とされたら防戦するに決まっている。どんなに攻撃されても戦わないという平和主義はありえないもの。

池田　明文法という建前をうまく使えばいいんだよね。マスメディアに反対意見があれば、それもうまく使えばよかった。ところが、日本のメディアは、京都議定書のときはもう、新聞もテレビも、「とても良いことを決めた」という論調ばかりだったからなあ……。

日本は、京都議定書を守ると言ってしまっているからね。守ると言っておいて守らないのは少しは問題なわけで、なぜ最初から守れない約束をしたのかと思うよ。現在だって、日本は、炭酸ガス（CO_2）の排出を六パーセント削減するどころではなくて、実際には排出量は六パーセント以上も増えているでしょう。

養老　年金問題解決に関して政府の責任者が「公約違反だとは思わない」というようなことを言ってごまかそうとしたぐらいだから、京都議定書に関しても、「議定書という約束は交わしたけれど、その約束を守ると言った覚えはない」とか言ってみてほしいものだね。対外的には日本政府はそういうしたたかさはない。

池田　II（の一二五ページ）でも言ったように、試算をしてみると、日本がもし京都議定書を一所懸命に守ったとしても、一〇〇年後の温度を〇・〇〇四℃下げるのに貢献するだけ。それは、IPCCのデータをもとにした計算でそうなるのだからね。そんなことに年間一兆円も使うなよ、と思う。

日本政府が主導して「地球温暖化防止大規模国民運動」を立ち上げて、環境省も職員の名刺に「チーム・マイナス六パーセント」などと刷って、キャンペーンを展開しているけれども、それで「クールビズ」だの「ウォームビズ」だのと結局は大量消費につながることばかりやっている。金と物が動くということは、エネルギーを使うわけだから、「クールビズ」も「ウォームビズ」も環境には良くないよ。

養老　実は、僕は温暖化対策の何かの会議のメンバーになっていたんだけれど、途中で降りた。まず会議のメンバーが炭酸ガス削減に協力を、なんてことを環境省が言ってきて、そのリストを見たら頭にきて、放り出したんだよ。だって、リストを見て計算すると、削減を達成するためには、トヨタ自動車のプリウスを買って、シャープのソーラーパネルを家の屋根に張るのが、最も効果的だという結論になっちゃうんだから。なぜトヨタやシャープに奉仕しなければならないのか。僕はそういうのは信用しないから。

池田　結局、自分たちがくだらない約束をしたツケを国民に押しつけて、一種の精神運動をやっている。養老さんの世代なら少し知っていると思うけれども、「欲しがりません、勝つまでは」などと言って釜とか寺の鐘とかを溶かして鉄に戻していたのとよく似ている。薬師院仁志が言っているように、国民精神総動員運動の再来だ。それで戦争は結局負けたんだよ。いま、地球温暖化問題に関しては、マスコミも一緒になってキャンペーンをするものだから、多くの人が完全に洗脳されている。CO_2削減に協力しない奴は非国民だってわけね。

◎「温暖化歓迎」という意見はなぜないのか

養老　先に述べたようなちゃんとしたシミュレーションをやった結果、地球温暖化がほんとうで、かつ、それで日本にとって得になるのならば、「温暖化歓迎」と言ってもいいと思う。

池田　たとえば、カナダは二〇〇七年になって京都議定書は自国の経済成長を阻害することになるからといって、議定書の履行をやめたでしょう。前政権時代に京都議定書を批准したけれども、後を継いだハーパー政権は「京都議定書に定められた温室効果ガスの排出削減目標の達成は無理だから」と言って、京都議定書の履行を断念した。要するにCO_2の削減は約束通りにできなかったけれど排出権は買いませんということね。

養老　仮に地球が温暖化したって、根本的にカナダは困らないだろうしね。

池田　カナダは、困るどころか、温暖化すれば穀物の収穫量は増えるでしょう。問題ないよ。

養老　日本も、温暖化では根本的には困らないと思うよ。

池田　ＩＰＣＣの予測では、一〇〇年後に平均気温が二・八℃上がるというのが妥当な線。一〇〇年後に平均気温が二・八℃ほど上がっても、どうってことはない。ＩＰＣＣの予測では、最悪でも六・四℃の気温上昇だという。いま、東京と札幌の年間の平均温度の差は、七℃以上あるんだよ。そもそも、そのＩＰＣＣの予測だって正しいかどうかわからないんだから。

いまのペースでは世界全体で年に二六五億トンの炭酸ガスを出している。地球の大気中に、三兆トンぐらいの炭酸ガスがあって、一〇〇年経てばその量が倍になるという計算です。それを、五パーセント減らそうとか言っているわけなんだけれども、減らさずに炭酸ガスの量が倍になったからといって、それでどうなるかというと実はあまりよくわからないんだよな。

養老　温暖化したら植物の光合成の速度がかなり速くなるのではないですか。

池田　僕はそう思う。炭酸ガスが増えて、温度が高くなれば、光合成の速度が速くなるから、穀物の生産量は増えるでしょう。いま、温暖化したときのデメリットばかりが喧伝されているけれども、なぜそうなるのか、僕にはさっぱりわからないんだよな。いったい、どういう計算にもとづいてシミュレーションをしているんだ？

養老　地球温暖化自体は「中立」です。本来的に自然現象だからね。

池田　温暖化のデメリットとして自然の生態系の破壊がよく挙げられている。たとえば、海氷が小さくなるから温度が二℃上がるとホッキョクグマが絶滅する、と。でもそれも不思議な話。溶けかかっている氷の上をホッキョクグマが餌を探して彷徨う姿を撮った映像を見て「深く考えさせられる」と言っている人がいるけど、そういう人は何を深く考えているんだろうね。

養老　ホッキョクグマは比較的新しい生物だけど、一〇万年ぐらい前にはいたわけだよね。

池田　そうですね。系統的にはヒグマの一グループで、かなり北の方にいたヒグマが二〇万～一〇万年ぐらい前に分岐したもの。おそらく氷河期が繰り返されているときに進化した。
養老　四〇〇〇年前は、いまよりも二～四℃ほど温度が高かったわけでしょう。それなら、四〇〇〇年前にホッキョクグマはどうしてたんだ？（笑）
池田　何℃か温暖化しても適当に順応して生き延びたんだと思うよ。いまのホッキョクグマは少し前の時代からのスタイルを維持して暮らしているのだろうけれども、少し暖かくなったらなったで食性も生態も変わるはず。
養老　そう考えないと、なぜ四〇〇〇年前に絶滅しなかったのか、わからないよね。

●何でも地球温暖化のせい？

池田　一九六〇年代後半から一九八〇年頃までは、地球寒冷化論が流行っていた。僕も、昔は、地球はこれから寒冷化するんだ、と思わせられていた。
　薬師院仁志が、『暴走する「地球温暖化」論』（文藝春秋）の中の「なぜ、消えた『地球寒冷化論』」という論稿の中で、一九七四年に出た『地球が冷える――異常気象』（旭屋出版）という本の中の「世界的に頻発する異常気象は、どうやら気候が『新しい体制』に移行しつつある兆候であり、その『新しい体制』とは、地球全体の気候が、現在よりかなり『寒冷化』することであるらしいことは、科学的にかなり確実に予想できそうである」という一文の「寒冷化」の部分を、わざと「温暖化」という言葉に置き換えて引用して見せていたのには苦笑したよ。つまり、「地球寒冷化」論と「地球温暖化」論は、「寒冷化」という言葉と「温暖化」という言葉を置き換えても、成立してしまうような話なわけ。三〇年前は、異常気象は何でも「寒冷化」のせいだった。それが、今度は、異常気象は何でも「温暖化」のせいになっている。

養老　地球温暖化のせいで、旱魃になったり、洪水が起こっている、などと言っている。

池田　旱魃や洪水は局地的な話ですからね。地球全体でマクロに見れば温暖化によってプロダクティビティ（生産性）は上がるに決まっているわけだから。だって、――IIでも言ったけれども――中生代白亜紀には炭酸ガスの濃度はいまの五〜一〇倍ぐらいあって、温度も六℃以上も高かった。そういう環境ならば恐竜のような大型生物をも養える。それだけ当時は自然の植物のプロダクティビティが高かったということでしょう。

養老　しかも、それまでは原始的な植物ばかりだったのが、進化によって顕花植物がたくさん出てきた。

池田　そう。白亜紀になってから、花が咲く植物がいっぱい出来た。そして、その頃（現在から七〇〇〇万〜八〇〇〇万年前）には、昆虫もずいぶんと進化している。
養老　虫好きとしては、温暖化は大歓迎ということだな（笑）。
池田　「虫屋」にとってはありがたい、とか言うと、また怒る人がいるだろうけれども（笑）。
虫といえば、ＩＰＣＣは、第三次報告書では地球温暖化の影響でマラリアの蚊が増えてマラリア感染率が増えるというような結論づけにしたかった。環境科学の伊藤公紀が『現代思想』二〇〇七年一〇月号での僕との対談で言っていたけれども、そういうＩＰＣＣの姿勢に反したことを書こうとした専門家が、周囲からの圧力に遭って、怒って報告書の執筆をやめてしまったそうです。でも、過去を見ればわかるように、マラリアなんて、ヨーロッパには昔からずっとあったし、日本でだってマラリアはあった。それがなくなったわけだから、マラリアと地球温暖化とは関係ないのは明らかでしょう。
いまの議論はスゴイ。異常気象でも何でも地球温暖化のせいにする。でも、新生代になってけっこう大型生物の大絶滅が起きているけれども、いずれも急激な寒冷化によるもの。温暖化によって大型生物が大絶滅を起こしたなんて話はない。だから、むしろ、氷河期が来たら大変だというのは確かだよ。実際、氷河期は来ると思う。
養老　そのうち、氷河期が来るのも地球温暖化のせいだ、という話になるよ。
池田　冗談みたいな話だけれども、ありうるよね。いまだって、台風がいっぱい来るのも大雪が降るのも地球温暖化のせいだということになっているんだから。どうして大雪が降るのが温暖化のせいなのか、よくわからないけれどもね。

養老　禁煙の議論に少し似ているね。煙草を吸うとガンになるという因果関係の根拠性が揺らいだら、今度は、心臓・血管系の病気を引き起こすという話に言い変えている。いまさら煙草の有害性はたいしたことはありませんとは言いづらいから。でも、「特に乳幼児・子ども・お年寄りなどの健康に影響を及ぼす」とか言っているけれども、僕はもうじゅうぶんに「お年寄り」だよな（笑）。

池田　環境問題に関しては、CO_2排出量削減というお題目が立ち上がって、それをめぐって排出権取引のようなことまでやり出してしまった。そうなるとCO_2排出量削減という目標が崩れたら困るから、地球が温暖化しようが寒冷化しようが全部、CO_2のせいにする。それで、危機を煽る。「最終的な予測によれば」とか言うんだけれども、長いスパンでならどんな予測だってたてられるからね。結果が出るころには予測した奴は死んでいる。人為とは関係なく自然環境のなかで温度なんて上がったり下がったりするに決まっているんだから。あと数十年のうちにでも気温は下がるときがあると思うよ。そうしたら、CO_2の排出量を減らさないともっとずっと寒くなる、なんてことを言い出す奴が絶対に出てくる。

二　エネルギーと文明の関係

●地球温暖化論の背景にあるエネルギー問題

池田　地球温暖化論というのは、そもそも、一九八八年に、ジェームズ・ハンセンという人が言い出したのが、きっかけでした。

養老　当時は、熱帯雨林の喪失が問題視されていたころでした。地球温暖化論というのは、その緑の喪失とエネルギー問題とを上手に結びつけた話だったと思う。あと、地球温暖化論を原発の推進派が拡大させていったという筋もある。

つまりは、いろんな政治的背景があったと思うけれど、石油エネルギーの使用を抑制することと緑を保存するということを上手にくっつけたのが炭酸ガス問題で、知恵者がいるなと思った。それはつまり、石油会社が長生きをして、アメリカが儲かる、という方向の話だから。要するに、石油エネルギーをできるだけ使わないかたちの産業に、アメリカは早くからシフトしていくことを考えていた。石油問題の重要性をアメリカは古くから知っていたということでしょう。

池田　その時どきでやっぱり政治的な裏があった。たとえばスティーヴン・シュナイダーという学者は、原子力産業の手先みたいな人だけれども、一九七〇年代には、石油をどんどん燃やすとそれによるスモッグの微粒子で大気が汚染されて太陽光を遮ることになって寒冷化が進むという主張をしていた。それが、今度は、CO_2によって地球温暖化が進むから火力発電はやめようということを、同じ人が言っている。結局は、火力発電の代わりに原子力発電にしよう、と言っているわけね。どっちにしろ、原子力発電推進が彼の真の目的だったわけだよ。原発推進につながるのなら、寒冷化だろうが、温暖化だろうが、どっちでもいいんだ。

「環境問題が叫ばれる背景にある、そういう政治的な裏を、ちゃんと読もう」と一般の人に言ってもしょうがないかもしれないけれども、少なくとも政治家は、そういうことをある程度はちゃんとわかった上で政治をやらないと、とんでもないことになると思うんだけどね。環境省の役人たちはわかっているのか。本気で考えているのか。そして大臣にそれをちゃんと伝えているのか。とてもそうは思えないな。

養老　「政治的」ということで言えば、たとえば少子化問題についても、「少子化を食い止めよう」という主張と、それとは反対の主張があったとして、月刊総合誌には双方の意見が載っている。でも、人口減少というのも地球温暖化と同様に「中立」の現象なのだから、その現象が進むことによってそれぞれプラスとマイナスがあるに決まっている。そのプラスとマイナスを並べて、見極めていくというのが、最初にやるべきことなのに、それをやらないで、いきなり、「私は賛成」「私は反対」と言うのがいまの政治なんですね。

地球温暖化についても、温暖化によるデメリットもあるかもしれないけれども、間違いなくメリットもあるでしょう。そのメリットを挙げただけで、「おまえは温室効果ガス排出に賛成なのか」とか、「地球破滅の危機に瀕したらどうしますか」と言われる。そんなことを言ったら、何だって言えるんだよ。

池田　そうなんだよね。あと五〇年経ったら大きな隕石が降ってくるかもしれないわけで、そしたら地球温暖化が問題どころの話じゃないよ（笑）。

予測がでたらめかもしれないのにそれをもとに話を進めようとするからおかしなことになる。地球温暖化の予測にしたって、炭酸ガスの濃度だけが重要な変数で、あとの要素は重要でないというようなやり方で予測をしている。炭酸ガス以外の要素が重要じゃないなんてことは誰が決めたの？　丸山茂徳が言っているように（一一七頁）、太陽の活動が落ちたら温暖化なんて全部チャラだよ。

養老　そうなったら、「炭酸ガス、出しておいてよかった」と言うかもしれない。

池田　「もっと排出すればよかった」とか「誰が炭酸ガス抑制しろと言ったんだ」という話になるよ。地球が破滅とかいうのは、大隕石の衝突などのすごい天変地異によってということでしょう。人為的な温暖化ぐらいでは地球の破滅は起こらないよ。ハンセンが「異常気象が地球の温暖化と関係している」と言い出して二〇年が経って、海中に没した田畑もなければ、マラリアやデング熱の大流行もない。それ以外のことはずいぶん起こっているよ。たとえば地震で人が大勢死んだ。でも地震は温暖化と関係ないよね。日本では交通事故で毎年一万人近くが死に、自殺で三万人が死んでいる。温暖化と関係なく、そのほうがよっぽど現象としても大変なことでしょう。

●石油は日本に使わせろ

池田　結局、環境問題は科学的のようでいて科学的ではなくて、完全に政治的な話になってしまっている。炭酸ガス削減にＥＵが積極的なのは、「ポスト・パクスアメリカーナ」（アメリカに代わって覇権を取る）の政治的思惑から。二〇〇六年一〇月には、元・世界銀行のチーフ・エコノミストで英国の気候変動・開発に関する経済担当特別顧問であるニコラス・スターンが、英国の首相と財務大臣から委託されてまとめた「気候変動と経済」というレポート（通称「スターン・レビュー」）で、気候変動に対するいちばん重要な対策として排出権取引を挙げて、ロンドンが国際排出量取引市場の中核になることという明確な戦略を打ち出している。二〇〇七年一二月のバリでのCOP13でEUが排出量の数値目標を決定したかったのは、排出量の枠を決めなければ排出権のトレードで金儲けすることはできないからだよね。アメリカとかが反対して削減目標の設定ができなかったことを、日本の新聞は「温室効果ガス削減の具体的な数値目標が盛り込まれず、存亡の危機を乗り越えるには極めて生ぬるい内容となった」などと書いている。数値目標設定なんてEUのためにやってるみたいなものなのにさ。ほんとうに化石燃料由来のCO_2を減らすつもりがあるなら、排出量の枠決めなんて瑣末なことではなく、化石燃料そのものの採掘量制限をする以外にない。それをやらないのは、それでは排出権トレードで金儲けできないからだ。

アメリカはEUの戦略になるべく乗らないようにして、バイオエタノールをはじめ代替エネルギーに力を入れている。日本にはそういう戦略は全然ないよね。何であれ、言うことを言って、日本の国益にプラスするようなことをしていかないと、日本はなめられていくだけだよ。

養老　ヨーロッパは、個人あたりのエネルギー消費はアメリカの半分。つまり、アメリカがそれだけたくさんのエネルギーを使ってきたということです。

池田　たしかに、国内総生産とCO_2の排出量との関係から見ると、アメリカは日本の三倍、エネルギー効率が悪い。アメリカのCO_2排出量は世界の二二パーセントだけれども、エネルギー効率をもし日本と同じレベルにすれば、CO_2の排出量にしたってアメリカはそのうちの三分の二を削減できるわけだから、それだけでも大きな改善だよ。そういうことをもっとアメリカに強く言ったほうがいいんだよ。「大変だろうけど、あなたたちは偉い国だから、そのくらいのことはできるでしょ」とね。

養老　アメリカの発電量の半分はいまでも石炭の火力発電によっている。なぜかといえば、石炭が安いから。かつて石炭による火力発電所をたくさん建てたアメリカは、いまもそれを稼動しておけば電気はちゃんとつくれるから、石炭による火力発電を減らそうというインセンティブはないわけだ。設備投資はすでに済んでいるから電力会社はそれでじゅうぶんに儲かるんだもの。

池田　その点、日本は真面目だよね。省エネルギーもやったし、脱硫もちゃんとしたし、鉄鋼なんて、日本の技術レベルは世界一ですよ。

それにひきかえ、たとえば、中国は鉄鋼生産量がいま激増しているけれども、エネルギー効率ははなはだしく悪いし、有毒ガスを撒き散らして、光化学スモッグなどの公害の原因をつくっている。日本もその公害の被害を被っている。

養老　だから、「石油は日本に使わせろ」ということですよ。同じ量の石油でも、日本がいちばん効率よく使えるのだから。

日本の国土からは一滴も石油が出ない。つまり、日本は全部、買ってやってるんだよ。それなのに、なんでイラクの復興を助けなければいけないんだ？　話が逆だよ。貧乏人が金持ちの放蕩息子を助けているようなものだよ。

池田　昨年（二〇〇七年）、インド洋で米英軍などの艦船に給油をしている海上自衛隊艦船のことが国会で問題になっていたけれども、あれも、アメリカから買った油をアメリカにただであげているんだからね。

養老　「『国際貢献』だということで喜ばれている」なんて言うけれど、喜ばれるのはあたり前だよ。

自分さえやることをやっていればいい、という独善的な態度が日本人にはあって、それがある種の予定調和と結びついてしまう。自分がちゃんとしていれば世の中もちゃんとするようになる。ならなかったら、それは自分のせいではない、という態度になってしまう。「国際貢献」の問題にも環境問題にも、そんな姿勢が表れている。

●アメリカと中国の問題

養老　アメリカと石油の関係を見ればわかることというのがあるわけでしょう。そこを大摑みに把握しておいて、アメリカに対して、「少なくとも、石炭による火力発電はやめたら」とか言ってやればいいんだよ。

池田　CO_2排出量削減の議論にしたって、日本はすでに省エネルギーの優等生だったんだから、「あなたがたが日本と同じくらいの省エネと効率化に成功したら、日本はその段階ではじめて議論に参加しましょう」というぐらいの姿勢でよかった。アメリカに対して「私たちがすでにやったことをあなたがたもこれからちゃんとやってください」と言うに足る科学的な根拠もデータもあるわけだから。

あるいは、中国に対しても、日本は、「あなたたちが化石燃料を使うと、公害のもとになるし、効率が悪くて資源の無駄使いだ」と言える立場にあるはずなんだ。日本には、中国と同じ資源を使って何倍もの鉄鋼を安全に効率よく生産する技術があるのだから。

COP13における国連のバリ会議の運営責任者も、日本は省エネのレベルが高いということを認めているわけです。日本は、これ以上の炭酸ガス排出量削減は国益に反するということとをきちんと言うべきだった。現状では目標値を達成しようと思ったら排出権を買う以外に方法はない。

日本は、二〇〇八年の四月から五年間で一九九〇年レベルに比べてCO_2排出量を六パーセント削減すると京都議定書で約束したわけですが、これを守るとものすごい金がかかる。東京工業大学の柏木孝夫の試算によると、商用電力一キロワット／アワーあたりの燃料費はおよそ三・三円で、これをつくるのに約五〇〇グラムのCO_2が出るという。いまの相場で排出権を買うと、これが一・七円になるという。これが全部、電気代にはね返るとすると、単純に考えても電気代は一・五倍になるわけです。これはエライことです。国民はそんな話は知らされていない。

養老　やっぱり中国が大きな問題だよね。

池田　そうですね。炭酸ガスをほんとうに削減するべきなのだとしたら、その削減をやるべきは、アメリカと、あと、中国でしょう。その二国で全体の四割の炭酸ガスを排出しているのだから。

とくに中国は、このままだとじきにアメリカを炭酸ガス排出量で抜く。だから、それを何とかしなければならない、という会議をしたほうがいいと思うんだよね。そのためだったら、日本だっていろいろと貢献のしようがある。エネルギー効率を上げるために技術援助をしましょう、とか。

地球温暖化が悪いことかどうかに関係なく、省エネしたほうがいいことは確かでしょう。限りある資源なのだから、なるべく効率よく使ったほうがいいに決まっている。

それに、石油からはいろんなものがつくれるわけだから、これからは石油を燃料に使うのはもったいないというふうになると思う。石油がこれだけ高くなってくると、なおさらです。

◉環境問題と石油会社

養老　環境問題がクローズアップされることによってどこが儲かるかを考えてみたらいい。たとえば、石油最大手のアメリカのエクソン・モービルは、二〇〇六年一二月期決算では純利益が三九五億ドルで、アメリカの企業として過去最高益となったその前年の三六一億ドルをさらに上回った。これからの石油削減でどこが得するかというと、それもやっぱり、エクソン・モービルなんだよ。環境問題によって石油不足になるという大前提が植えつけられたから、これからも石油の値段は上がる。長い目で見れば、それで石油会社は得をすることになる。石油がいずれ底をつくのはわかっている話なのだから、石油会社は、自分たちがそのなかで生きていくにはどうしたらいいかということを、当然、考えている。おそらく政府よりもずっと考えている。彼らはつねに三〇年ぐらい先のことを考える課をちゃんと置いて対策を練っている。日本の省庁も本気でそういうスタンスで考える機関をつくらなければならないね。

池田　原油の値段は、一九九九年ごろに底値になって、一バレルが九・七五ドルだった。それが、いまは一〇〇ドル近い。この八〜九年で一〇倍近くになった。この価格上昇率はすごいよね。

養老　一九九〇年代は、一バレル一六ドルぐらいで推移していた。

池田　そう。それがいちど、安くなったと思ったら、底値からどんどんと上がった。

養老　アメリカの経済は、マイクロソフトでもグーグルでも、それが暗黙のものであれ、意識的にであれ、ＩＴへと傾斜したでしょう。それまでとは違って、石油中心ではない金儲けの方向へアメリカが動いている。

池田　最近になって、グーグルは、「非石油」のエネルギーのビジネスに金を出し始めたんだよね。

養老　そういう動きが石油の価格上昇の背景にはある。

池田　いままでは、ほかのどんなエネルギーも石油より高くついたから、開発しても儲からなかった。けれども、いまはその石油がそのうちなくなるかもしれないという前提があって、石油の価格も上がっているから、風力発電だとか代替のエネルギー資源を使う産業のビジネスチャンスが拡大する。そういう代替エネルギーにグーグルも金を出している。

養老　つまり、石油の価格が上がれば、石油以外のエネルギー源も相対的によく売れるようになる。石油と非石油の両方が儲かるんだ。

池田　バイオエタノールもそうだよね。アメリカの穀物自給率は一〇〇パーセントを超えているから、余剰分がある。その余剰の穀物がエネルギー資源として高く売れるということになれば、二重にも、三重にも儲けられる。そういう背景がある。

養老　実際、昨年はトウモロコシの値段が上がって、アメリカの農家はずいぶんと潤ったそうです。つまり、どっちにどう転んでもアメリカは困らない。オイルシェール（油頁岩）の埋蔵量は、アメリカは非常に大きいのですから。

反対に、どっちにどう転んでも困るのが日本です。たとえば、北海道の酪農もトウモロコシの値上がりで去年は大打撃を受けました。石油が値上がりして、温室栽培もやられた。日本は、非常に危うい位置にいる。

池田　日本はヤバイよね。そういうことについてのグランドプランを政府の誰も考えてないということがいちばんヤバイんだけれども。

●油から歴史を見る

養老　一九三〇年ごろの箱根の外輪山の写真を見たら、禿山なんだよね。僕自身もおぼろげながらそうだったという記憶がある。ところがいまはあの山は鬱蒼とした森林になっている。神戸の六甲もそうです。あれも、幕末の頃は禿山だったのが、いまは緑に覆われた山になっているでしょう。日本の自然は半世紀でそれだけ変わったんだよ。実はそれは石油のおかげ。

池田　石油がエネルギー資源の中心になって木の伐採量が減ったことによって世界の森林が残ったということはたしかにある。石油がなかったら、メソポタミア文明や黄河文明の例を見ればわかるように、砂漠化が世界的にもっと進んでいたのではないかな。だから、石油が世界の生物多様性を救ったということなのかもしれない。

養老　エネルギーの面から見れば明治維新というのは救いの神だった、と元・国土交通省河川局長の竹村公太郎氏が言っていました。日本では、江戸時代はじめに一時、人口爆発が起こっているけれど、その後は完全に停滞していた。そこへ黒船がやってきて、開国して、日本に世界中からエネルギー資源が集まるようになった。そうしたら、また人口増加率が上がった。

池田　Ⅱで言ったように（七一～七四ページ）、人口増加率が上昇するかどうかというのは、エネルギーをどう使うかにディペンドしているんだよね。エネルギーから見ていくと、時代区分というのもはっきりしてきますね。

養老　文学部の歴史学科の人間が歴史を書くから、わけがわからない話になってしまうんだよな（笑）。

池田　それは言えてるな。

養老　『昭和天皇独白録』（寺崎英成／マリコ・テラサキ・ミラー　文藝春秋）によると、「日米戦争は油で始まり油で終った」と昭和天皇が言っていたという。それを読んで、僕は昭和天皇と同じ意見だ、と思った。

池田　石油がないから、石油を獲得するために始めたのが太平洋戦争だったわけですよね。日本には石油はもともと二年分ぐらいしか備蓄がなかったんだから、それで戦争に負けたのはあたり前の話。

養老　そういう視点というのはあまり言われないんだよ。歴史は文科の専門と思われていたけど、それで歴史認識から欠落したものがたくさん出てしまった。とくに、モノから見る視点が欠けている。昭和天皇の「油で始まり油で終った」という話を、文科の人間に言わせたらもっとわけがわからない話になってしまう。

太平洋戦争も油から考えると簡単です。石油が必要だから、インドネシアの石油を取りに行った。その石油を日本国内に運ぶためにはシンガポールのイギリス東洋艦隊と真珠湾のアメリカ太平洋艦隊を叩かなければ制海権が取れないから叩いた。そこまでは、ある意味でとんとん拍子だもの。目的がはっきりしていた。

目的を達成したら、次にやることがなくなって、バカなことをした。すなわち、ミッドウェーへ行ってしまったんだ。その作戦には何の合理的意味もない。

理系の頭で合理的に考えれば、戦争はその前で終わりのはずなんです。石油を売ってくれないと言うものだから、日本は戦争して石油の採れる領土を取った、で終わり。もしそれで具合が悪いというのなら、「では、領土は返すから、かわりに石油を売ってくれ」と要求すれば話はついたかもしれない。

少なくとも、そこにちゃんと視点を置いていれば、あんなにひどいことにはならなかった。それを、「八紘一宇」だのと言い出したから、おかしなことになった。

池田　つまり、戦争そのものが目的化した。

養老　そう。要するにそれは軍人が出世したかったからなんだけどね。

池田　戦争に勝利すれば男爵になれるから。

養老　油がほしかったのなら、ほんとうは当時の日本の域内で石油を探せばよかったんです。実は満州には大慶油田があった。それは戦後になって見つかったんだけれど。大慶油田ほどの油田があれば、戦前の石油需要は十分に賄えたでしょう。当時どうしてそれを懸命に探さなかったのかといったら、根本的に油問題だということが戦争当事者の頭になかったから。

池田　そもそも、石油のほとんどをアメリカから輸入している状態で日本は戦争を始めたのだから、正気の沙汰ではないですよ。

養老　軍艦も飛行機も全部、油で動くんだからさ。それを、大砲で動くとでも思っていたんじゃないか、あいつらは。何が「八紘一宇」か。

戦後になって、政治的意識で考える人たちはあの戦争についてさまざまなことを言っています。とくに、あの戦争は軍国主義云々という総括がよくなされているけれども、そもそもはそういう話ではなかった。モノから考える視点では、問題の中心は油だったんです。油という資源はモノであって、モノこそが戦略の基礎なのですから。

●いちばん重要な問題は何か

池田　その戦争のこともそうだし、とにかく、システムをいったんつくってしまうと、そのシステムを維持すること自体が目的化してしまう。そもそも何のためなのかということがわからなくなってしまう。

エネルギー政策もそうだし、環境省のやっていることも、みんな、そうでしょう。EUが排出権取引を立ち上げてしまったから、その枠組みを維持するために気候変動枠組条約締約国会議がある、という倒錯的なことになってきている。炭酸ガス排出量の削減目標を決めて、それにもとづいて排出権を取引することが目的になってしまっている。環境のためにやっているわけではなくて、金儲けのためにやっているとしか思えない状況になってきている。

環境問題というのは、もともとは各自がミクロ合理性を追求したことによって、マクロが非合理になるということでしょう。いまの環境問題というのは、環境問題自体がまさに大きな問題なんだよ。環境問題を理由にミクロ合理性を追求することによって、マクロに見るととんでもないような問題が生じているわけだから。

やっぱり、もっとシンプルに科学的に考えたほうがいい。エネルギー資源の問題をどう担保するか、とか、食べ物をどうするか、とか、本来はそれがいちばん重要な問題でしょう。ところが、いまは、もはや個人の倫理観とか道徳とかモラルとかの話にまでなってしまっている。

養老　文科系の人間というのは、どうしても最後にはイデオロギー優先になって事を考えてしまうね。そういう文科系の人間が指導的な立場にあることが多い。なんとかしてほしいよな。モノは精神で置換できず、精神はモノでは転換できない、ということがわかっているのかな。

池田　養老さんが言う過去の戦争のことから見ても、いざとなったときにエネルギーというのが、いかに重要か。それがわかっていれば、エネルギー資源をどうやって担保するかということをちゃんと考えざるをえないでしょう。

だから、日本も、代替エネルギーの有効性について、ちゃんとコスト計算をして、グランドプランを立てていかないことには、どうしようもない。それは僕のような素人がやるのではなくて、環境省なり、政府のエネルギー担当がやらないといけないことでしょう。けれども実際には、ただ政治的な駆け引きに翻弄されている。

●石油中心社会からどう脱するか

池田　IIでも述べたけれども、太陽電池にしたって、その開発にもっと金と力を注ぐべきだよ。少なくとも、京都議定書批准のために年間に一兆円も注ぎ込むよりは、意義がある。以前は、太陽電池はエネルギー効率が悪くて、結局、石油を燃やしたほうが倍も安く済むという話だった。けれども、これまでよりも四倍も効率が良い太陽電池がつくれるなら、代替エネルギーとしての有効性は高くなる。

太陽電池に関しては、日本がずっと供給量のトップだったのが、いつの間にか太陽電池の開発でもアメリカに抜かれている。その、現在の四分の一程度のコストで発電する技術を開発しているのも、アメリカなんだよね。

養老　いま燃料電池の開発も進んでいるけどね。これでもしブレイクスルーがあれば石油問題もかなりの部分は片付くよ。ただ、ブレイクスルーがあるかどうかはわからないけれど。

池田　石油を直接使うよりも、燃料電池のほうが二〇〜三〇パーセントぐらいは効率がいいということが言われているけれども、燃料電池をつくるのにももちろんかなりのエネルギーが要るから、それでどのくらいペイするかがやはり問題になる。

養老　水素燃料が注目されていますが、あれはかなり難しいんじゃないかと思う。水素は漏れやすいから、危ないんだ。水素はもっとも小さい分子だから、その管理のためのインフラ整備が大変でしょう。

池田　原発は集中管理だけれども、水素を使う燃料電池は個々のところに設置するわけだから、たしかに、セキュリティの問題が難しいですね。

養老　何にしても、難しいのは、いまは石油文明社会であって、石油中心にシステムができてしまっているということ。それを全部入れ替えるというのは、大変なコストがかかってしまう。

僕の子どものころは石油はなかった。それでも暮せるとわかっているから、個人的には石油がなくったって平気だけれどね。

池田　そうだよなあ。昔は、ほんとうに寒くても、暖房なんて、寝るときにはなかった。僕は昔、菅平で冬にウサギの調査をしたことがあるんだけど、当時は学生だったから安普請の所に泊まってさ。夜はとても寒くて、朝になったら、自分が吐いた息が凍って口の周りがバリバリいってたけど、そうなったって人間は別に死にはしないもの。

養老　僕はこの冬に那須へ行ったんですよ。那須の御用地の半分ほどを放出するので、環境省がそれを引き取ってどう利用するか委員会を立ち上げるということで、現場を見に行ったんだ。

長靴を履いて久しぶりに雪山を歩いたら、たしかに足の先が冷たくなった。でも、宿へ帰ってきて長靴を脱いで休んだら、次の日まで足はポカポカなんだよ。それで子供のときを思い出した。ずっと温かい生活をしてるからわからなかったんだけど、体は子供のときのことを覚えているんだよ。小さいときに耐寒訓練をしておくといいんだよね。

池田　最近の子供は、手がかじかんで動かないなんていう経験はないと思うんだよね。手がかじかんだって別にたいしたことないよな。

養老　バリアフリーの設備を健康人が利用しているんだもの。便利さというものにあまりに慣れすぎてしまっている。

●システムを変えられるか

池田　代替エネルギーにしても、エコグッズにしても、何でもそうなのだけれども、出来たものに関してはたしかにそれは効率の良いエネルギーやエコロジカルな製品になっているのかもしれない。でも、それをつくる過程におけるエネルギー効率やコストも考えられないといけないはず。屋根の上につけるソーラー発電の設備にしても、その開発にも、それを買うのにも、金がかかるし、それがどれだけもつかということも問題のはずでしょう。

養老　そういうことはシステム化されて全体の中に組み込まれなければいけない。建物を建てる際に組み込まれていれば、あとから特注するよりはコストがかからない。ただ、そういうシステム化を国策でやることがいいことかどうかはわからないけれど。

たとえば、この国では椅子と机の生活が標準になってシステム化されたわけですが、畳はどうしたんだよと思うもの。国会で「畳は使わない」ということに決めたのか。そんな生活システムの変化の影響で、身体の使い方がまったく変わってしまったでしょう。つまり、システムを変えることは、文化的な問題をも引き起こすんだよね。土建業者が日本の文化を左右する権利がどこにあるんだ、と僕はいつも思う。実際、椅子と机の生活になったということとは、公団住宅と小学校の教育によってシステムが変わって生活文化も変わったということだから。

池田　日本は間伐材が余っているから、薪ストーブを使うのもいいんだけれども、ただ、薪ストーブをいまから使うとなると、煙をどうするかとか、公害を起こさないような煙突をどう整備するかとか、そういうことに金がかかる。あるシステムが既成のものになってしまうと、そのシステムをチャラにするのに莫大なコストがかかるから、そこが難しいところなんだよな。

養老　昔は、バスも木炭で走っていたからね。

池田　いまの技術は、石油とか、ガスとか、電気とかいうものがないと動かなくなってしまっている。昔は、木を伐って燃やしていたけれども。

養老　頭で考えるとすぐ「古いのをつぶせ」ということになりがちなんだけれど、つぶすのにもコストがかかるんだ。それなら、そのままリフォームしたらコストがかからないかというと、それもかかるんだ。どっちが得かという計算になると、頭が痛くなってしまうけれど、それを考えてやらないことにはどうしようもない。

●持続可能な人口

池田　最近は少子化が問題視されているけれども、環境問題から考えても、一億三〇〇〇万人はちょっと多いよ。少子化と高齢化はそうなるための過渡期的情況としてしょうがないでしょう。人口が減れば、エネルギーについても食料についても問題はずっと小さくなる。

養老　ジャレド・ダイアモンドが太平洋の島を色々と調べて持続可能性について考察をしたなかで、人口問題に触れている。自然環境を大きく変更しないで持続可能な人口は、たとえばオーストラリアは八〇〇万人だという。いまのオーストラリアはその倍以上だから、限度を超えている。自然を破壊する傾向が大きくなって持続可能ではなくなっているということです。

　現在の資源で考えれば、日本は密度としての人口が限界に来ているのではないかという気はするね。いまの状況では人口停滞が起こるのはやむをえないと思う。

池田　キャリング・キャパシティ（環境収容能力）からいくと日本はもはや限界なんだよね。僕なんかは人口は七〇〇〇万ぐらいに減ったっていいと思っているけれども、それがキャリング・キャパシティと適合していればいいということなんですね。キャリング・キャパシティが高いまま人口が下がれば、そこには余地があるわけだから、絶対に他国から人が入ってくる。それは不可避で、外国人を入れるか入れないかという議論があるけれども、それは「入れない」ということにはできないんだ。

養老　人為的に止めることは実質的にはできないだろうね。

池田　キャリング・キャパシティがたとえば一〇〇あるなかで人口が五〇しかなければ余裕で暮らせるけれども、キャリング・キャパシティが一〇〇あると、人口は一〇〇に近づくんだよね。それを止めるシステムをうまくつくれたら、環境問題なんて解決してしまうんだよね。

現実には、国境という障壁がある。たとえば地球が温暖化したって、国境がなければあまり関係ないわけだよ。適当に、そのときいちばん暮らしやすいところへぞろぞろと移動していけばいいという話だから。いま良いところが駄目になって、いま駄目なところが良くなったりすることがあったときに、その駄目な国からいい国へ人口を入れろといっても、それは政治的な軋轢があって難しい。

養老　適正人口は土地によって違う。それは間違いない。そのときに、どういうふうな計算をするか。どういう前提を置くか。それが大事です。

未来のシナリオというのは何本も書けるはずなのに、いまは、シナリオを一本にしようとするでしょう。「温室効果ガスによる地球温暖化」というシナリオだけがある。いろんな条件でシナリオは考えられなければいけない。

三　生きる道

●全世界の食料援助量の三倍を棄てている国

養老　食料に関しては、日本は弱点を抱えている。日本の食料自給率は三〇パーセント代後半。農水省はそれを四〇パーセント台に上げようとしている。自給率が低いということは、日本のフード・マイレージ（食べ物の重さとその輸送距離を掛け合わせた数値）はかなり高いということでもある。

もうひとつは、食べ残し問題。農水省のデータでは、現在の全世界の食料援助量の三倍を日本は棄てている。数字を聞くと愕然としますね。これは、うっかりすると、国際問題になる。日本が国際的な議論の場で頑張っていくのなら、弱点を消していかなくてはいけないね。

こういう農業や食料問題の弱点が、環境問題に飛び火する可能性があるということについては気をつけなければならない。
池田　すごいな。日本は食料の三割は棄てているという話も聞いたけどね。だから、それを全部食ってしまえば、実質的に自給率ももっと上がることになるんだけどね（笑）。
養老　そういう食料自給問題に関してよその国からつつかれると、環境問題がへこむ危険がある。省エネのようなことを一所懸命にやっている一方で、食べ物をそのように扱っているとなると、まずい。要するにエントロピーの問題になるのですが、エネルギー問題と食料問題がうまく結合されてないでしょう。
池田　単純に言えば、省エネしたぶんを食とか何かほかのことで浪費してしまっているわけだ。
養老　輸入食料は、世界の水需要とも関係してくる。産地で大量の水を消費してしまうから。
池田　食べ物の分布が偏ってしまうことは様々な問題を引き起こすよね。炭酸ガスはどこで出しても全体に拡散してくれるでしょう。けれども、ほかのモノというのは、偏在すると、拡散しない。単純に言うと、食品輸入元である日本周辺は富栄養化が進み、輸出元の食料生産国は貧栄養化が進む。汚染の偏りも出てくるというのが問題で、皆、CO_2のことばかり言っているけれども、CO_2以外の問題がいっぱいあるんだよね。

●問題を細かく見ること

養老　自給率が低いとフード・マイレージは高くなるということをさっき言ったけれど、少し細かく見れば、必ずしもその関係は合致しない。なぜかというと、韓国や中国から輸入で運んでくるのと、日本国内の北海道から運んでくるのとでは、地域によってはフード・マイレージは輸入したほうが低くなるでしょう。いま北海道の食料自給率は二〇〇パーセントもある。北海道からは外へ出さざるを得ない。地産地消を守ったら、北海道は食べ物余り現象になってしまうから、食料をエネルギーをかけて運ぶことになる。中国から運ぶのと北海道から運ぶのとではどちらが損か得かという話になる。地域によってはフード・マイレージだって下がる。

池田　国という区分で考えられてしまうからね。外来種問題もそうで、国という区分から見て外来種を問題にしてしまっている。でも、たとえば北海道と九州とでは自然環境が全然違うのだから、北海道の生き物を九州に持ってきたらそれは外来種だとも言えるわけでしょう。外来種にしても人間が勝手に国という枠で決めただけの話だから、食料にしても、もっと現実的に考えると、ただ単に自給率が低いということが問題ではない。

養老　どちらが合理的かということですね。

池田　たとえば、アメリカからレタスをもってくるとしたら、特別な防腐処置でもしなければすぐに傷んでしまうから日本で賄ったほうがいいということになるけれども、トウモロコシや大豆になると、アメリカから持ってきたほうが安くつくでしょう。つまり、食料全体をどんぶり勘定では括れないところがあって、食料だけでなく環境問題というのは細かい問題だから、そのケースによって考えなければならないことが違う。

養老　あえて直近の例で言うと、オーストラリアは旱魃で小麦が四割も減産になった。上質の小麦はよその国にとられてしまって、日本には安い小麦しか回ってこなくなった。オーストラリアの畜産もふるわない。そういうことによって、北海道の農業や酪農が有利になっている。飼料の値段が上がっているのは大変なんだけれども、国産チーズが外国産チーズと対抗できるような水準になって、国内の乳製品に対する需要が相対的に高まった。

つまり、食料自給率が低いと、外国の動向の影響を受けやすいわけです。何かが起こると、低いと思っていたある食べ物の自給率が突然上がってしまうようなことが起こる。

だから、問題は自給率そのものではなくて、――定義されてない言葉なのだけど――「余力」の有無なのではないか。つまり、自国で供給しようと思えばできるけれども安いからよそから買っている、という状況は、経済的には許容できるわけでしょう。そのあたりのことを考えずに、ただ「足りない」とか「自給率が低い」と言っても実質的ではないんだよね。

◎食料自給率を金額ベースで考える

池田　これからの日本は、付加価値の高いモノをつくってインドや中国の金持ちに売りつけるというのが、生きる道だと思うよ。

養老　農業問題でもそうです。そもそも減反政策をしておいて「食料自給率が低いのが問題だ」などと言っているのがおかしい。日本の米を中国に売ればいいという話だったんだ。

池田　実際、日本の米は安全で旨いからということで高くても買う中国人がいっぱいいる。そうやって日本の米を高く売って、その金で安い食い物を外国から買えばいい。

養老　食料自給率を金額ベースで考えればいいんです。

池田　そういう考え方の転換が大事だと思う。世界に太刀打ちできるブランド力をつけるための政策ならいいけれども、農家に対してただ補助金をばら撒くような政策をしてもしょうがないと思うんだ。そんなのでは立ち行かない、ということはみんなわかっているはず。日本は土地は狭いし、アメリカと同じことをやったって、儲かるわけがないんだから。

良いものをつくるのには相応のエネルギーがかかる。けれども、アメリカの三倍のエネルギーをつぎ込んだとしても、それで一〇倍の価値・価格のものを生み出せれば、じゅうぶんにやっていけるわけだから。

養老　いま、農業をほんとうに主としている世帯が三〇万戸ほどだという。あとの数百万戸は、いわば「いい加減な農家」。ほんとうの農業政策を考えたら、その三〇万戸を中心にするべきなんだけれど、残りの「いい加減な農家」が票田になっているから厄介なんだ。農業問題が独り歩きしてしまっていて、ほんとうに農業だけにちゃんと従事している人を中心には政策が考えられていない。実際にはほんとうの専業農家は三〇万戸しかないにもかかわらず、農水省という組織は巨大なままです。それで、農業という分野を水増しして、土地問題をやっている。農地法に引っかけて法律をいっぱいつくって、たとえば、農業に適した土地を大型スーパーに売るようなことをしている。農水省はもはや縮小されてしかるべきなのにです。かつて英国海軍が小さくなっても海軍省の人員はたえず年に一割ずつ増え続けたという話に似ている。

池田　もはや農水省と国土交通省と環境省は統一すべきところが多いね。少なくとも、川の管理なんて、国土交通省がやるべきことではないよ。環境省にやらせたほうがいい。

養老　そういう役所の縦割りの区分が問題だね。

あと、こんど那須の御用地を放出することになったわけだから、少なくとも自然局ぐらいはあそこへ引っ越せ、と僕は言っているんだ。環境省の自然局はああいう自然環境のいいところにいろ、と。東京の霞ヶ関にいたって、自然環境の良さは実感できないでしょう。だけど、そうはしないで、都会にいたいというのが、環境省の役人の発想なんだろうな。

●環境と秩序のありよう

養老　人は秩序を必要とするけれど、意識で考えると、どうしても無秩序を外部に生み出してしまう。自分が考えるぶんにはいい。脳みそは、いくらエントロピーがたまっても、寝ているあいだにそれを片づける。ところが、考えていることを外部に実行すると、そのぶん外部の自然界のエントロピーがどうしても拡大してしまう。それは、文明の起こしてきた結果を見てもわかる。

人間が意識的に生きていくなかで、秩序をつくるにはふたつ方法があって、ひとつの秩序の立て方は人間を訓練するということ。もうひとつのやり方がエネルギーを使うこと。アメリカ文明というのは、エネルギーを使うことで秩序を立ててきた典型的な文明だと思う。

僕らは、戦争のときに、アメリカ人というのはどうしようもない、躾のできていない連中だと教育されました。いま思えばそれは見事に連中を言い表わしていると思う。一人ひとりの躾ができていなくても、十分にエネルギーを使えば快適で秩序的な環境は維持できるということを体現しているのがアメリカ人だから。アメリカでは個人個人の秩序はない。いまだに銃をぶっ放して、年間に一万人以上が銃で死んでいる文明社会なんてありか、と思うよね。

一人ひとりの秩序については日本人のほうがはるかにきちんと訓練されている。そういう日本人を見て、アメリカ人は「日本人は自由ではない」などと評するけれど、一人ひとりがちゃんと秩序をもたないとこんな狭い国土にこれだけ大勢が暮らせないでしょう。可住面積に対する人口密度は日本の場合、ヨーロッパでいちばん人口密度が高いオランダの三倍だもの。これだけ多くの人が密集して遵法的に暮らしている社会というのは日本以外にはないよね。

池田　たぶんないだろうな。

養老　禁煙だとか、二〇歳まで酒を飲んではいけないとか、よくまあ、そんなところまできちんと制限がかかっているものだと思うよ。二〇歳の誕生日になるといきなり酒を飲んでもいいという科学的根拠がどこにあるんだよ（笑）。

池田　日本は、ある意味では楽な社会だけれども、これで大丈夫なのかなと時どき心配になるよね。

この一〇年ほどで日本の法律は二〇〇以上も増えた。そのほとんどが極めて瑣末な法律。マジョリティにとってさほど都合の悪くない事柄については、きつい規制をかけられてもあんまり気にならないでしょう。だから、そういう法律というのはどんどん通りやすい。煙草にしても、煙草を吸う人が少数派で、吸わないほうがマジョリティになってしまうと、禁煙の方向の決め事は通りがいいからね。

けれども、そういうことをどんどんとやっていくと、人はすべての事柄においてマジョリティになるとは限らないから、自分がマイノリティになる局面で、しっぺ返しを食う。それがわかっていないでどんどんと色んな決め事をしていくと、一種のファシズムにつながるよ。「私も我慢するから、あなたも我慢しましょう」という話になってきて、それは危険な話。環境問題に関してもそういう傾向が出てきている。

昔は大枠の法だけがあって、多様に解釈しながら、それを運用していたわけでしょう。それがいまは恣意的な数値化を進めたりして、相当にタイトなものにしてしまっている。もともと、人間関係というのは、AとBという確定的な個人がいるわけではなくて、本来は、コミュニケーションをしながらAとBがともに変わりうるという話でしょう。それが、「ほんとうの私」なんてことを言い出すような、個が確定的だと思っている人間が増えてきた。そういう人は、AとBとが情報をただやりとりするのがコミュニケーションだと思っているけれども、それは、ほんとうのコミュニケーションではないんだよ。

法律というのは、人々がうまく生きていくためにあるはずだった。いまはそうではない。

法律は、それを守るためにあるということになってしまっている。だから、ほんとうはつまらない些細なことでもゴチャゴチャ言って問題化してしまう。去年あたり騒がれた食品の賞味期限や消費期限の偽装問題にしても、あんなのは実質的に被害者ゼロなんだから。法律のほうがおかしいに決まっているでしょう。

そもそもあれもアメリカのせいなんだよな。かつては日本では賞味期限や消費期限の表示はしていなくて、製造年月日の表示だけだった。そこへアメリカが圧力をかけた。製造年月日の表示だと、日本に輸出をするアメリカは不利だからね。それで賞味期限や消費期限の表示に切り替わったわけだけれども、その「賞味期限」「消費期限」がひとり歩きを始めてしまった。

養老　僕はちょっと前に、通信社に依頼された原稿に書いたんだよ。先日飲んだコニャックが美味くて、ラベルを見たら「年代未詳」というものだった。いまなら賞味期限が表示されているだろうから、どなたか賞味期限表示のないのをお持ちでしたらぜひ僕にお譲りください、というようなことを書いた。そうしたら、通信社がそれを削ってくれというんだよ。読者にはそれが冗談かどうかわからないと言うんだ。僕の原稿を読んで通信社の人はコニャックに賞味期限が表示されているかどうかを調べたらしいよ。

池田　最近の奴は、ほんとうに冗談がわからない（笑）。

養老　古酒なんだからねえ。

池田　賞味期限なんて、そもそもそんなものあるかよ、という話だよね。

そもそも食い物なんて、自分の目と鼻と口で確かめて、危なそうだったら食うのをやめればいいだけのことでしょう。何でもかんでも法律で決めてもらわないと判断できない人ばかりになっている。期限の表示が数日ずれていたといって大騒ぎするのも本来はおかしい話だよ。

養老　まったくおかしいよ。問題になったから、期限の監督団体をつくる。そこに農水省の人が天下る。そう考えて「問題」にしてるんじゃないの。結局、自分の省を拡大するためじゃないか。そもそも賞味期限や消費期限自体が無意味なんだから、そこから問い直せばいい話だと思うね。

池田　環境問題に対する日本人の感覚にもそういうところがあって、何のために環境のことを考えるかということよりも、環境のための法を守ること自体が大事だというようなことになってしまうんだよね。そこから外れたことを言うのは許されない感じになってしまう。

養老　すぐに倫理問題にしてしまう。

池田　外来種排斥問題にしても、たとえば、いまから外来種のブラックバスを排除しようとしたって費用対効果から考えたらムダが大きいでしょうと僕は思うわけ。エコ活動にしても、費用のことは隠して、効果についてだけしか言わないで、それで最終的には倫理問題にしてしまう。

それに異を唱えると、「おまえは外来種がどんどん入ってきてもいいのか」という言い方を必ずされる。「非道徳的だ」とか「モラルがない」という言われ方をしてしまう。「京都議定書なんて守るだけムダだ」などと言うと、「炭酸ガスをどんどん出してもいいというのか」と、そんな非難を浴びてしまう。そういうことではないんだって。何にせよ本気で問題に取り組むのなら、何のためにそれをやるのか、それでどういう効果があるのかということを考えてやったほうがいいよ。何のためにもならないことを本来的には人はやらないでしょう。

●中間項の喪失

養老　「何のため」ということで言えば、日本人にとってかつては中間項が大事な役割を持っていたと思う。中間項の最たるものが「家」で、かつてあった「お家の存続のために」というのはわかりやすい。それがいまでも残っているのが、政治家と同族経営の会社でしょう。日本人は、「家」という中間項を壊してしまったものの、西洋型のような個人主義にはなれないでいる。かつてあった「お家のために」というのが、一時は「会社のために」というふうになっていたけれど、会社もまたグローバリゼーション云々ということでリストラを始めたりして、「家」にも相当していたような中間項ではなくなってきたので、人々の中での長期見通しが立てづらくなった。日本人が社会のことを考えるには、ある程度の長期のスパンが必要で、そのためには中間項がしっかりとあったほうがいいんですよ。そうでないと社会の安定性が保てない。

いま、若い人たちが、「自分に合った仕事を探している」とか、わけのわからないことを言って、仕事をしなくなっているけれど、そういうのは社会の安定性を阻害しているよね。

池田 いまの日本は、家にしても会社にしても、共同体がズタズタになってしまっている。それで、個人が、中間を飛ばして、自治体とか政府と結びつこうとしている。真ん中のバッファがないから、そういう人たちをコントロールするためには、瑣末な法律をいっぱいつくらなければならなくなったんだよ。昔の共同体に代わる中間項を、どうやってうまくつくるかというふうなことを考えないと、たしかに、この先、大変かもしれないね。

養老 いまなら市民運動だったりNPOだったり、いろんな中間項のようなものが、あることはある。でも、それらはまだあまり必然性を伴ったかたちでうまくできてはいない。

●「環境立国」よりも、モノづくり

池田　二〇〇八年の北海道洞爺湖サミットは「環境」がテーマになっていて、日本はホスト国だから、また何かするか変な約束をしてしまうかもしれないね。
養老　僕は、やめたほうがいいと思う。
池田　何を？　洞爺湖サミットそのものを？
養老　そう。テロがあるから、とか言って。
池田　養老さんがテロすると言っています、って騒ぐ？　でも、「あんなじいさんにテロなんかできないよ」と言われるだけで、効き目はないだろう（笑）。
　でも、たしかに、何かうまい口実をつけてやめたほうがいいかもしれないね。京都議定書の二の舞になることだけは避けないとね。洞爺湖サミットでは日本は「環境立国」としてリーダーシップを発揮するなんてことを言っているようだけれども、炭酸ガスの排出量を減らすとかいうことよりも、むしろ省エネ技術の普及ということに話を替えて、そこで押したほうがまだいいよ。炭酸ガス排出量削減に関してさらに厳しい条件を飲まされることになったら、それこそ国益を損なう。
養老　これは、ほんとうにうまく考えないといけない。
　ヨーロッパの先進国でも、石油削減につながるような話を進められるのは、お金の儲け方を変えていってるからです。たとえばイギリスのように金融にシフトしている国とかね。イギリスのポンドは、いま、非常に高いけれど、ポンドが高くて景気が良いということは、物を買うときに有利であろうとしているわけでしょう。それは当然、モノづくりには不利ですよ。だから、日本の円は、どうしても中途半端な状態で止まってしまう。

日本の場合、「売り」で生きるのか、「商人」で生きるのか、ということがはっきりしていないけれど、日本人が「商人」をやったら、中国とか、ユダヤの商人とかに結局は負けると思う。モノづくりで生きていくとなれば、技術が売り物になるので、それを上手に売るということを考えなければいけない。

池田　繰り返しになってしまうけれども、これからの日本は、付加価値の高いモノをつくってそれを売るというのが、生きる道だろうからね。

養老　ただ、モノづくりというのは、世界の文明の中では二流ですからね。管理職はモノづくりをしないんだよ。太った腹を突き出して、人を使う。

日本は、「一流」の国から上手に使われる、いわば「執事」のような存在になれるかというのがカギ。それで、相手から、「おまえがいなければ困る」と言われるような存在に上手になれるかどうか。それもけっこう難しいとは思うけれど、それが日本の選ぶべき道だろうと思う。

あとがき

養老孟司

池田さんが環境問題がいま心配だと、珍しいことをいう。どこが珍しいかといって、そういういわば政治的な、時事的なことを、本気で心配しているらしかったからである。ついては、新潮社から本を出すのだという。じゃあ、私もそれに乗ろうか。そういうことで、この本になった。

池田さんも私も、要するに虫屋である。虫が好きで、なにかというと、虫捕りに行ってしまう。そういう人間は、じつは環境に「超」敏感である。

自然環境について、私は長年、なにもいう気にならなかった。見ていられない。そういう感じだったからである。ほんとうに目を瞑ってしまったから、中年時代には虫も捕らなかった。子どもの頃から知っていた山野が、その姿を変えてしまうのを、見たくなかったのである。いまとなっては、もうほとんどヤケクソ。

先週も虫屋の知り合いがやってきて、カビの生えた私の古い標本を見ながら、アッ、鎌倉のゲンゴロウがある、と叫んだ。子どもの頃に、近所の友だちが捕ったものである。そんなもの、もういない。その「もういない」という言葉に、万感が籠るのだが、そんなことを感じてくれる人はまずいないであろう。

今日だって、たまたまNHKテレビを見ていたら、アナウンサーが欧州の大企業の社長さんたちに会って、炭酸ガス排出問題について尋ねていた。社長さんは意気軒昂、要するにこれで儲かると踏んでいるのである。排出権取引というやつ。

オランダやノルウェーが例に出ていたが、ロイヤル・ダッチ・シェルというのは、どう見てもオランダ由来の石油メジャーだよね。ノルウェーは北海油田で儲けているよね。あんたらが石油を売ってんだろ。それが炭酸ガスになるんだよ。

それなら石油節約と大声でいうわけさ。品薄という評判が高くなって値段は上がるし、石油の枯渇は延びるし、いいこと尽くめじゃないか。念のためだが、日本から石油は出ない。尖閣沖でも掘りますか。大会社の社長ともあろうものが、儲かりもしない仕事に「倫理的に」精を出しますか。いい加減にせいよ。そう怒鳴りたくなって、テレビのスイッチを切った。

アル・ゴアは温暖化問題は倫理問題だと述べて、欧州から褒めてもらった。ノーベル平和賞受賞。裏がないわけないでしょ。世界一炭酸ガスを出してるのは、アメリカなんだから。ゴアという人は政治家ですよ。私が住んでいる神奈川県からかつて選出されていた参議院議員の秦野章は「政治家に倫理を求めるのは、八百屋で魚を買おうとするようなものだ」と述べた。その政治家が倫理問題だというのだから、きっと倫理問題なのであろう。つまり炭酸ガスを出さないのは、倫理なのである。それなら息を止めて、みんな死んでしまえ。

という風に私はヤケクソなのである。私が若かったら、たぶんグリーンピースみたいな環境原理主義運動に走っていたかもしれない。でも一億玉砕、本土決戦という戦争を、どちらもなしに通り抜けたし、みんなで棒を持って覆面で闘う人たちには、エライ目に会わされたから、大勢でやる政治運動はやりたくない。

そういうわけで、池田さんと二人で、ブツブツいうしかないのである。新潮社もこんな本を出して、どういうつもりなんだろうなあ。

本書のⅠは『現代思想』（青土社）二〇〇七年一〇月号掲載の「環境について、本当に考えるべきこと」に加筆したものです。ⅡおよびⅢは本書のための語り下ろしです。

池田清彦（いけだ・きよひこ）
一九四七年、東京都足立区生まれ。東京都立大学大学院生物学専攻博士課程修了。現在、早稲田大学国際教養学部教授。著書に『構造主義科学論の冒険』『分類という思想』『昆虫のパンセ』『新しい生物学の教科書』『正しく生きるとはどういうことか』『他人と深く関わらずに生きるには』『環境問題のウソ』等。

養老孟司（ようろう・たけし）
一九三七年、神奈川県鎌倉市生まれ。東京大学医学部卒業後、解剖学教室に入る。一九九五年、東京大学医学部教授を退官し、同大学名誉教授に。一九八九年、『からだの見方』でサントリー学芸賞受賞。著書に『唯脳論』『身体の文学史』『人間科学』『バカの壁』『いちばん大事なこと』『死の壁』『養老訓』等。

ほんとうの環境問題《かんきょうもんだい》

発　行　二〇〇八年　三　月十　五日

著　者　池田《いけだ》清彦《きよひこ》　養老《ようろう》孟司《たけし》

発行者　佐藤隆信

発行所　株式会社新潮社
東京都新宿区矢来町七一
郵便番号　一六二-八七一一
電話　編集部〇三-三二六六-五六一一
読者係〇三-三二六六-五一一一
http://www.shinchosha.co.jp

印刷所　株式会社光邦

製本所　加藤製本株式会社

乱丁・落丁本は、ご面倒ですが小社読者係宛お送り下さい。
送料小社負担にてお取替えいたします。
価格はカバーに表示してあります。

ISBN978-4-10-423104-1　C0095